房屋建筑工程专业技术管理人员培训系列教材

质量员专业知识与实务

（第三版）

本书编委会组织编写
林文剑　主编

中国环境出版社·北京

图书在版编目（CIP）数据

质量员专业知识与实务 / 林文剑主编．—3 版．
—北京：中国环境出版社，2012.4（2014.1 重印）
房屋建筑工程专业技术管理人员培训系列教材
ISBN 978-7-5111-0960-6

Ⅰ．①质… Ⅱ．①林… Ⅲ．①建筑工程—工程质量—质量管理—技术培训—教材 Ⅳ．①TU712

中国版本图书馆 CIP 数据核字（2013）第 069361 号

出 版 人 王新程
责任编辑 高 峰
责任校对 尹 芳
装帧设计 康巴朗斯

出版发行 中国环境出版社
（100062 北京市东城区广渠门内大街 16 号）
网 址：http://www.cesp.com.cn
电子邮箱：bjgl@cesp.com.cn
联系电话：010-67112765（编辑管理部）
010-67112739（建筑图书出版中心）
发行热线：010-67125803，010-67113405（传真）
印 刷 北京市联华印刷厂
经 销 各地新华书店
版 次 2007 年 6 月第 1 版
2010 年 6 月第 2 版
2012 年 4 月第 3 版
印 次 2014 年 1 月第 10 次印刷
开 本 787×1092 1/16
印 张 12.25
字 数 265 千字
定 价 34.00 元

房屋建筑工程专业技术管理人员培训系列教材
编审委员会

出 版 说 明

为进一步贯彻落实全国职业教育工作会议精神，促进建筑业发展，全面提升施工企业专业技术管理人员素质，在原建筑企业“十一大员”岗位培训的基础上，根据行业发展需要并结合我国研究建立职业水平认证制度的思路，受四川省建设厅委托、四川省建设系统岗位培训与建设执业资格注册中心和四川建筑职业技术学院组织编写了“房屋建筑工程专业技术管理人员培训系列教材”。

本套系列教材首批准出版《建筑工程专业基础知识》（属于各岗位公共教材）、《施工员专业知识与实务》、《材料员专业知识与实务》、《质量员专业知识与实务》、《安全员专业知识与实务》、《预算员专业知识与实务》、《资料员专业知识与实务》、《试验员专业知识与实务》共8本，主要用于房屋建筑工程专业技术管理人员培训使用。

本套教材以现行国家规范、标准为依据，从专业人员职业需要出发，力求体现行业特点，既重视专业基础理论，更注重职业能力培养，内容强调科学性、先进性和实用性。该系列教材主要作为房屋建筑工程施工、质检、安全、材料、预算、试验、资料管理等相关人员岗位培训及职业水平认证的培训用书，也可供高、中等职业院校实践教学使用和建筑行业专业技术管理人员自学。

由于时间紧，水平有限，本套教材还需在教学和实践中不断完善，敬请广大施工管理人员和教师提出宝贵意见。

本套教材经“房屋建筑工程专业技术管理人员培训教材”编审委员会审定，由中国环境科学出版社出版。

四川省建设系统岗位培训与建设执业资格注册中心

四川建筑职业技术学院

2007年3月

房屋建筑工程专业技术管理人员培训系列教材

第三版说明

《房屋建筑工程专业技术管理人员培训系列教材》第一版于2007年由四川省建设系统岗位培训与建设执业资格注册中心及四川建设职业技术学院组织编写的。该套教材出版以来，受到广大读者、特别是建筑施工一线的专业技术管理人员以及高、中职院校师生的欢迎和好评，并在房屋建筑工程专业技术管理人员培训中发挥了重要作用，为提高房屋建筑工程专业技术管理人员技术素质和管理水平作出了很大的贡献。

随着建设行业快速发展，书中涉及的标准规范已不能适应新的培训要求，在四川省建设系统岗位培训与建设执业资格注册中心的倡导下，该系列教材于2010年进行了第一次修订。但由于近几年涉及建设行业的一些法律、法规，行政规章，国家及行业标准规范的相继颁布和实施，2010年修订版的部分内容已不能适应现代的培训要求。

鉴此，编委会组织原书作者对本系列教材进行第二次修订，本次修订是在总结了培训机构及广大读者的建议和意见的基础上进行的。修订内容充分体现了我国新的法律法规、部门规章以及标准规范。

本书编委会

2012年2月

前　言

本书是依据行业岗位准入标准和质量员培训考试大纲编写的，主要作为建筑工程质量员考试培训教材，也可供建筑施工企业技术管理人员、质量检验人员以及监理人员参考。其内容包括：建筑工程质量管理基本知识、建筑工程施工质量控制和质量员职责；建筑工程施工质量验收；地基基础工程、砌体工程、混凝土结构工程、钢结构工程、屋面工程、建筑装饰装修工程质量控制；建筑工程质量事故处理等。

本书的特点：应用新规范，以建设部颁布实施的《建筑工程施工质量验收统一标准》（GB 50300—2001）及其配套使用的工程质量验收规范为依据进行编写；突出实用性，内容力求简明，以培养技能型质量员为目标，知识以“够用”为度，“实用”为准，力求加强可操作性。

本书由四川建筑职业学院林文剑编著，四川省质量监督站周冰总工程师审阅。

本书在编写过程中参阅了大量资料，谨向参考文献著者深表谢意。

由于编者水平有限，书中疏漏、错误难免，恳请使用本教材师生和读者不吝指正。

作　者

2010 年 6 月

目　　录

第一章　建筑工程质量管理概述

第一节　质量与建筑工程质量

一、质量的概念

2001 版 GB/T—ISO 9000 族标准中质量的定义是：一组固有特性满足要求的程度。就此定义可以从以下几方面理解：

（1）质量不仅是指产品质量，也可以是某项活动或过程的工作质量，还可以是质量管理体系运行的质量，质量是由一组固有特性组成。这些固有特性是指满足顾客和其他相关方的要求特性，并由其满足要求的程度加以表征。

（2）特性是指区分的特征。特性可以是固有的或赋予的，可以是定性的或定量的。特性有各种类型，一般有：物质特性（如机械的、电的、化学的或生物的特性）、感官特性（如嗅觉、触觉、味觉、视觉及感觉控测的特性）、行为特性（如礼貌、诚实、正直）、人体功效特性（如语言或生理特性、人身安全特性）、功能特性（如飞机的航程、速度）。质量特性是固有的特性，并通过产品、过程或体系设计的开发及其之后实现过程形成的属性。固有的意思是指在某事或某物中本来就有的，尤其是那种永久的特性。赋予的特性（如某一产品的价格）并非是产品、过程或体系的固有特性，不是它们的质量特性。

（3）满足要求就是应满足明示的（如合同、规范、标准、技术、文件、图纸中明确规定的）、隐含的（如组织的惯例、一般习惯）或必须履行的（如法律、法规、行业规则）需要和期望。与要求相比较，满足要求的程度才反映为质量的好坏。对质量的要求除考虑满足顾客的需要外，还应考虑其他相关方即组织自身利益、提供原材料的零部件等供方的利益和社会的利益等多种需求。例如需考虑安全性、环境保护、节约能源等外部的强制要求。只有全面满足这些要求，才能评定为好的质量或优秀的质量。

（4）顾客和其他相关方对产品、过程或体系的质量要求是动态的、发展的和相对的。质量要求随着时间、地点、环境的变化而变化。如随着技术的发展、生活水平的提高，人们对产品、过程或体系会提出新的质量要求。因此应定期评定质量要求、修订规范标准，不断开发新产品、改进老产品，以满足已变化的质量要求。另外，不同国家不同地区因自然环境条件不同，技术发达程度不同、消费水平不同和民俗习惯等的不同会对产品提出不同的要求，产品应具有这种环境的适应性，对不同地区应提供不同性能的产品，以满足该地区用户的明示或隐含的要求。

二、建筑工程质量

建筑工程质量简称工程质量。工程质量是指工程满足业主需要，并符合国家法律、法规、技术规范标准、设计文件及合同规定的特性综合。

建筑工程作为一种特殊的产品，除具有一般产品共有的质量特性，如性能、寿命、可靠性、安全性、经济性等满足社会需要的使用价值及其属性外，还具有特定的内涵。

（1）适用性

即功能，是指工程满足使用目的的各种性能。

1）理化性能：如尺寸规格、保温、隔热、隔声等物理性能，耐酸、耐腐蚀、防火、防风化、防尘等化学性能；

2）结构性能：地基基础牢固程度，结构足够强度、刚度和稳定性；

3）使用性能：如民用住宅工程要能使居住者安居，工业厂房要能满足生产活动需要，道路、桥梁、铁路、航道要能通达便捷等。建设工程的组成部件、配件、水、暖、电、卫器具、设备也要能满足其使用功能；

4）外观性能：指建筑物的造型、布置、室内装饰效果、色彩等美观大方、协调等。

（2）耐久性

即寿命，是指工程在规定的条件下，满足规定功能要求使用的年限，也就是工程竣工后的合理使用寿命周期。由于建筑物本身结构类型不同、质量要求不同、施工方法不同、使用性能不同的个性特点，目前国家对建设工程的合理使用寿命周期还缺乏统一的规定，仅在少数技术标准中，提出了明确要求。如民用建筑主体结构耐用年限分为四级（15～30年，30～50年，50～100年，100年以上），公路工程设计年限一般按等级控制在10～20年，城市道路工程设计年限，视不同道路构成和所用的材料，设计的使用年限也有所不同。对工程组成部件（如塑料管道、屋面防水、卫生洁具、电梯等）也视生产厂家设计的产品性质及工程的合理使用寿命周期而规定不同的耐用年限。

（3）安全性

安全性，是指工程建成后在使用过程中保证结构安全、保证人身和环境免受危害的程度。建设工程产品的结构安全度、抗震、耐火及防火能力，人民防空的抗辐射、抗核污染、抗爆炸波等能力，能否能达到特定的要求，都是安全性的重要标志。工程交付使用之后，必须保证人身财产、工程整体都能免遭工程结构破坏及外来危害的伤害。工程组成部件，如阳台栏杆、楼梯扶手、电器产品漏电保护、电梯各类设备等，也要保证使用者的安全。

（4）可靠性

可靠性，是指工程在规定的时间和规定的条件下完成规定功能的能力。工程不仅要求在交工验收时要达到规定的指标，而且在一定的使用时期内保持应有的正常功能。如工程上的防洪与抗震能力、防水隔热、恒温恒湿措施、工业生产用的管道防“跑、冒、滴、漏”等，都属可靠性的质量范畴。

（5）经济性

经济性，是指工程从规划、勘察、设计、施工到整个产品使用寿命周期内的成本和消耗的费用。工程经济性具体表现为设计成本、施工成本、使用成本三者之和。包括从征地、拆迁、勘察、设计、采购（材料、设备）、施工、配套设施等建设全过程的总投资和工程使用阶段的能耗、水耗、维护、保养乃至改建更新的使用维修费用。通过分析比较，判断工程是否符合经济性要求。

（6）环境的协调性

环境的协调性，是指工程与其周围生态环境协调，与所在地区经济环境协调以及与周围已建工程相协调，以适应可持续发展的要求。

上述六个方面的质量特性彼此之间是相互依存的，总体而言，适用、耐久、安全、可靠、经济、环保，都是建筑工程质量必须达到的基本要求，缺一不可。但是对于不同门类不同专业的工程，如工业建筑、民用建筑、公共建筑、住宅建筑、道路建筑，可根据其所处的特定地域环境条件、技术经济条件的差异，有不同的侧重面。

三、工程质量形成过程

工程质量是在工程建设过程中逐渐形成的。工程项目建设各个阶段，即可行性研究、项目决策、勘察、设计、施工、竣工验收等阶段，对工程质量的形成都产生不同的影响，所以工程项目的建设过程就是工程质量的形成过程。

（一）项目可行性研究

项目可行性研究是在项目建议书和项目策划的基础上，运用经济学原理对投资项目的有关技术、经济、社会、环境及所有方面进行调查研究，对各种可能的拟建方案和建成投产后的经济效益、社会效益和环境效益等进行技术经济分析、预测和论证，确定项目建设的可行性，并在可行的情况下，通过多方案比较从中选择出最佳方案，作为项目决策和设计的依据。在此过程中，需要确定工程项目的质量要求，并与投资目标相协调。因此，项目的可行性研究直接影响项目的决策质量和设计质量。

（二）项目决策

项目决策阶段是通过项目可行性研究的项目评估，对项目的建设方案做出决策，使项目的建设充分反映业主的意愿，并与地区环境相适应，做到投资、质量、进度三者协调统一。

（三）工程勘察、设计

工程的地质勘察是为建设场地的选择和工程的设计与施工提供地质资料依据。而工程设计是根据建设项目总体需求（包括已确定的定量目标和水平）和地质勘察报告，对工程的外形和内在的实体进行筹划、研究、构思、设计和描绘，形成设计说明书和图纸等相关文件，使得质量目标和水平具体化，为施工提供直接依据。

工程设计质量是决定工程质量的关键环节，工程采用什么样的平面布置和空间形式、选用什么样的结构类型、使用什么样的材料、构配件及设备等，都直接关系到工程主体结构的安全可靠，关系到建设投资的综合功能是否充分体现规划意图。在一定程度上，设计的完美性也反映了一个国家的科技水平和文化水平。设计的严密性、合理性，也决定了工程建设的成败，是建设工程的安全、适用、经济与环境保护等措施得以实现的保障。

（四）工程施工

工程施工是指按照设计图纸和相关文件的要求，在建设场地上将设计意图付诸实现的测量、作业、检验、形成工程实体建成最终产品的活动。任何优秀的勘察设计成果，只有通过施工才能变为现实。因此工程施工活动决定了设计意图能否体现，它直接关系到工程的安全可靠、使用功能的保证，以及外表观感能否体现建筑设计的艺术水平。在一定程度上，工程施工是形成实体质量的决定性环节。

（五）工程竣工验收

工程竣工验收就是对项目施工阶段的质量通过检查评定、试车运转，考核项目质量是否达到设计要求；是否符合决策阶段确定的质量目标和水平，并通过验收确保工程项目的质量。所以工程竣工验收对质量的影响是保证最终产品的质量。

四、影响工程质量的因素

影响工程质量的因素很多，但归纳起来主要有五个方面，即人（Man）、材料（Material）、机械（Machine）、方法（Method）和环境（Environment），简称4M1E因素。

（一）人员素质

人是生产经营活动的主体，也是工程项目建设的决策者、管理者、操作者，工程建设的全过程，如项目的规划、决策、勘察、设计和施工，都是通过人来完成的。人员的素质，即人的文化水平、技术水平、决策能力、管理能力、组织能力、作业能力、控制能力、身体素质及职业道德等，都将直接和间接地对规划、决策、勘察、设计和施工的质量产生影响，而规划是否合理、决策是否正确、设计是否符合所需要的质量功能、施工能否满足合同、规范、技术标准的需要等，都将对工程质量产生不同程度的影响，所以人员素质是影响工程质量的一个重要因素。因此，建筑行业实行经营资质管理和各类专业从业人员持证上岗制度和保证人员素质的重要管理措施。

（二）工程材料

工程材料泛指构成工程实体的各类建筑材料、构配件、半成品等，它是工程建设的物质条件，是工程质量的基础。工程材料选用是否合理、产品是否合格、材质是否经过检验、保管使用是否得当，都将直接影响建设工程的结构刚度和强度、工程外表及观感、工程的使用功能、工程的使用安全。

（三）机械设备

机械设备可分为两类：一类是指组成工程实体及配套的工艺设备和各类机具，如电梯、泵机、通风设备等，它们构成了建筑设备安装工程或工业设备安装工程，形成完整的使用功能。另一类是指施工过程中使用的各类机具设备，包括大型垂直与横向运输设备、各类操作工具、各种施工安全设施、各类测量仪器和计量器具等，简称施工机具设备，它们是施工生产的手段。机具设备对工程质量也有重要的影响。工程用机具设备其产品质量优劣，直接影响工程使用功能质量。施工机具设备的类型是否符合工程施工特点，性能是否先进稳定，操作是否方便安全等，都将会影响工程项目的质量。

（四）方法

方法是指工艺方法、操作方法和施工方案。在工程施工中，施工方案是否合理，施工工艺是否先进，施工操作是否正确，都将对工程质量产生重大的影响。大力推进采用新技术、新工艺、新方法，不断提高工艺技术水平，是保证工程质量稳定提高的重要因素。

（五）环境条件

环境条件指对工程质量特性起重要作用的环境因素，包括：工程技术环境，如工程地质、水文、气象等；工程作业环境，如施工环境作业面大小、防护设施、通风照明和通讯条件等；工程管理环境，主要指工程实施的合同结构与管理关系的确定，组织体制及管理制度等；周边环境，如工程邻近的地下管线、建（构）筑物等。环境条件往往对工程质量产生特定的影响。加强环境管理，改进作业条件，把握好技术环境，辅以必要的措施，是控制环境对质量影响的重要保证。

五、工程质量的特点

（一）工程项目的特点

工程质量的特点是由工程项目的特点决定，工程项目的特点有以下五个方面：

（1）具有单项性

工程项目不同于工厂中连续生产的相同的产品，它是按业主的建设意图单项进行设计的，其施工内外部管理条件、所在地点的自然和社会环境、生产工艺过程等也各不相同。即使类型相同的工程项目，其设计、施工也存在着千差万别。

（2）具有一次性与寿命的长期性

工程项目的实施必须一次成功，它的质量必须在建设的一次过程中全部满足合同规定的要求。它不同于制造业产品，如果不合格可以报废，售出的可以用退货或退还货款的方式补偿顾客的损失。工程质量不合格会长期影响生产使用，甚至危及生命财产的安全。

（3）具有高投入性

任何一个工程项目都要投入大量的人力、物力和财力，投入建设的时间也是一般制造业产品所不可比拟的。因此，业主和实施者对于每个项目都需要投入特定的管理力量。

（4）具有生产管理方式的特殊性

工业项目施工地点是特定的，产品位置固定而操作人员流动性大。因此，这些特点形成了工程项目管理方式的特殊性。这种管理方式的特殊性还体现在工程项目建设必须实施监督管理。这样可以对工程质量的形成有制约和提高的作用。

（5）具有风险性

工程项目在自然环境中进行建设，受大自然的阻碍或损害很多。由于建设周期很长，遭遇社会风险的机会很多，工程的质量会受到或大或小的影响。

（二）工程质量的特点

正是由于上述工程项目的特点而形成了工程质量本身的特点。

（1）影响因素多

建筑工程质量受到多种因素的影响，如决策、设计、材料、机具设备、施工方法、施工工艺、技术措施、人员素质、工期、工程造价等，这些因素直接或间接地影响工程项目质量。

（2）质量波动大

由于建筑生产的单件性、流动性，不像一般工业产品的生产那样，有固定的生产流水线、有规范化的生产工艺和完美的检测技术、有成套的生产设备和稳定的生产环境，所以工程质量容易产生波动且波动大。同时由于影响工程质量的偶然性因素和系统性因素比较多，其中任一因素发生变动，都会使工程质量产生波动。如材料规格品种使用错误、施工方法不当、操作未按规程进行、机械设备过度磨损或出现故障、设计计算失误等，都会发生质量波动，产生系统因素的质量变异，造成工程质量事故。为此，要严防出现系统性因素的质量变异，要把质量波动控制在偶然性因素范围内。

（3）质量隐蔽性

建筑工程在施工过程中，分项工程交接多、中间产品多、隐蔽工程多，因此质量存在隐蔽性。若在施工中不及时进行质量检查，事后只能从表面上检查，就很难发现内在的质量问题，这样就容易产生判断错误，将不合格品误认为合格品。

（4）终检的局限性

工程项目建成后不可能像一般工业产品那样依靠终检来判断产品质量，或将产品拆卸、解体来检查其内在质量，或对不合格零部件进行更换。工程项目的终检（竣工验收）无法进行工程内在质量的检验，发现隐蔽的质量缺陷。因此，工程项目的终检存在一定的局限性，这就要求工程质量控制应以预防为主，防患于未然。

（5）评价方法的特殊性

工程质量的检查评定及验收是按检验批、分项工程、分部工程、单位工程进行的。检验批的质量是分项工程乃至整个工程质量检验的基础，检验批的质量是否合格主要取决于主控项目和一般项目经抽样检验的结果。隐蔽工程在隐蔽前要检查合格后验收，涉及结构安全的试块、试件以及有关材料，应按规定进行见证取样检测，涉及结构安全和使用功能的重要分部工程要进行抽样检测。工程质量是在施工单位按合格质量标准自行检查评定的基础上，由监理工程师（或建设单位项目负责人）组织有关单位、人员进行检验确认验收。这种评价方法体现了“验评分离、强化验收、完善手段、过程控制”的指导思想。

第二节　建筑工程质量管理与质量控制

一、质量管理的发展阶段

质量管理是指“确定质量方针、目标和职责，并在质量体系中通过诸如质量策划、质量控制、质量保证和质量改进，使其实施的全部管理职能的所有活动”。

随着科学技术的发展和市场竞争的需要，质量管理已越来越为人们所重视，并逐渐发展成为一门新兴的学科。最早提出质量管理的国家是美国。日本在第二次世界大战后引进美国的一整套质量管理技术和方法，结合本国实际，又将其向前推进，使质量管理走上了科学的道路，取得了世界瞩目的成绩。质量管理作为企业管理的有机组成部分。它的发展也是随着企业管理的发展而发展的，其产生、形成、发展和日益完善的过程大体经历了以下几个阶段。

（1）质量检验阶段（20 世纪 20～40 年代）

20 世纪前，主要是手工作业和个体生产方式，依靠生产操作者自身的手艺和经验来保证质量，只能称为“操作者质量管理”时期。进入 20 世纪，由于资本主义生产力的发展，机器化大生产方式与手工作业的管理制度矛盾，阻碍了生产力的发展，于是出现了管理革命。美国的泰勒研究了从工业革命以来的大工业生产的管理实践创立了“科学管理”的新理论。他提出了计划与执行、检验与生产的职能需要分开的主张，即企业中设置专职的质量检验部门和人员，从事质量检验。这使产品质量有了基本保证，对提高产品质量、防止不合格产品出厂或流入下一道工序有积极意义。这种制度把过去的“操作者质量管理”变成了“检验员的质量管理”，标志着进入了质量检验阶段。由于这个阶段的特点是质量管理单纯依靠事后检查、剔除废品。因此，它的管理效能有限。按现在的观点来看，它只是质量管理中的一个必不可少的环节。

1924年，美国统计学家休哈特提出了“预防缺陷”的概念。他认为，质量管理除了事后检查以外，还应做到事先预防，在有不合格产品出现的苗头时，就应发现并及时采取措施予以制止。他创造了统计质量控制图等一套预防质量事故的理论。与此同时，还有一些统计学家提出了抽样检验的办法，把统计学方法引入了质量管理领域使得检验成本得到降低。但由于当时不为人们充分认识和理解，故未得到真正执行。

（2）统计质量管理阶段（20世纪40～50年代）

第二次世界大战初期，由于战争的需要，美国许多民用生产企业转为军用品生产。由于事先无法控制产品质量，造成废品量很大，耽误了交货期，甚至因军火质量差而发生事故。同时，军需品的质量检验大多属于破坏性检验，不可能进行事后检验。于是人们采用了休哈特的“预防缺陷”的理论。美国国防部请休哈特等研究制定了一套美国战时质量管理方法，强制生产企业执行。这套方法主要是采用统计质量控制图，了解质量变动的先兆，进行预防，使不合格产品率大为下降，对保证产品质量收到了较好的效果。这种用数理统计方法来控制生产过程影响质量的因素，把单纯的质量检验变成了过程管理。使质量管理从“事后”转到了“事中”，较单纯的质量检验进了一大步。战后，许多工业发达国家生产企业也纷纷采用和仿效这种质量管理模式。但因为对数理统计知识的掌握有一定的要求，在过分强调的情况下，给人们以统计质量管理是少数数理统计人员责任的错觉，而忽略了广大生产与管理人员的作用，结果是既没有充分发挥数理统计方法的作用，又影响了管理功能的发展，把数理统计在质量管理中的应用推向了极端。到了20世纪50年代人们认识到统计质量管理方法并不能全面保证产品质量，进而导致了“全面质量管理”新阶段的出现。

（3）全面质量管理阶段（20世纪60年代后）

20世纪60年代以后，随着社会生产力的发展和科学技术的进步，经济竞争也日趋激烈。特别是一大批高安全性、高可靠性、高科技和高价值的技术密集型产品和大型复杂产品的质量在很大程度上依靠对各种影响质量的因素加以控制，才能达到设计标准和使用要求。大规模的工业化生产，质量保证除与设备、工艺、材料、环境等因素有关外，与职工的思想意识、技术素质，企业的生产技术管理等息息相关。同时检验质量的标准与用户中所需求的功能标准之间也存在差异，必须及时地收集反馈信息，修改制定满足用户需要的质量标准，使产品具有竞争性。20世纪60年代，美国的菲根堡姆首先提出了较系统的“全面质量管理”概念。其中心意思是，数理统计方法是重要的，但不能单纯依靠它，只有将它和企业管理结合起来，才能保证产品质量。这一理论很快应用于不同行业生产企业（包括服务行业和其他行业）的质量工作。此后，这一要领通过不断完善，便形成了今天的“全面质量管理”。

全面质量管理阶段的特点是针对不同企业的生产条件、工作环境及工作状态等多方面因素的变化，把组织管理、数理统计方法以及现代科学技术、社会心理学、行为科学等综合运用于质量管理，建立适用和完善的质量工作体系，对每一个生产环节加以管理，做到全面运行和控制。通过改善和提高工作质量来保证产品质量；通过对产品的形成和使用全过程管理，全面保证产品质量；通过形成生产（服务）企业全员、全企业、全过程的质量工作系统，建立质量体系以保证产品质量始终满足用户需要，使企业用最少的投入获取最佳的效益。

全面质量管理的核心是“三全”管理（全过程、全员、全企业的质量管理）；全面质量管理的基本观点是全面质量、为用户服务、预防为主、用数据说话；全面质量管理的基本工作方法是 PDCA 循环法。

（4）质量管理与质量保证标准的形成

质量检验，统计质量管理和全面质量管理三个阶段的质量管理理论和实践的发展，促使世界各发达国家和企业纷纷制定出新的国家标准和企业标准，以适应全面质量管理的需要。这样的做法虽然促进了质量管理水平的提高，却也出现了各种各样的不同标准。各国在质量管理术语、概念、质量保证要求、管理方式等方面都存在很大差异，这种标准显然不利于国际经济交往与合作的进一步发展。

近 30 年来国际化的市场经济迅速发展，国际间商品和资本的流动空间增长，国际间的经济合作、依赖和竞争日益增强，有些产品已超越国界形成国际范围的社会化大生产。特别是不少国家把提高进口商品质量作为限入奖出的保护手段，利用商品的非价格因素竞争设置关贸壁垒。为了解决国际间质量争端，消除和减少技术壁垒，有效地开展国际贸易，加强国际间技术合作，统一国际质量工作语言，制定共同遵守的国际规范，各国政府、企业和消费者都需要一套通用的、具有灵活性的国际质量保证模式。在总结发达国家质量工作经验基础上，20 世纪 70 年代末，国际标准化组织着手制定国际通用质量管理和质量保证标准。1980 年 5 月国际标准化组织的质量保证技术委员会在加拿大应运而生。它通过总结各国质量管理经验，于 1987 年 3 月制定和颁布了 ISO 9000 系列质量管理及质量保证标准。此后又不断进行补充、完善。标准一经发布，相当多的国家和地区表示欢迎，等同或等效采用该标准，指导企业开展质量工作。

质量管理和质量保证的概念和理论是在质量管理发展的三个阶段的基础上逐步形成的，是市场经济和社会化大生产发展的产物，是与现代生产规模、条件适应的质量管理工作模式。因此，ISO 9000 系列标准的诞生，顺应了消费者的要求，也为生产方提供了当代企业寻求发展的途径。有利于一个国家对企业的规范化管理，更有利于国际间贸易和生产合作。它的诞生顺应了国际经济发展的形势，适应了企业和消费者的需要，因而它的诞生具有必然性。

二、建筑工程质量控制

（一）质量控制

质量控制是质量管理的一部分，致力于满足质量要求。

上述定义可以从以下几方面去理解：

（1）质量控制是质量管理的重要组成部分，其目的是为了使产品、体系或过程的固有特性达到规定的要求，即满足顾客、法律、法规等方面所提出的质量要求（如适用性、安全性等）。所以，质量控制是通过采取一系列的作业技术和活动对各个过程实施控制的。

（2）质量控制的工作内容包括了作业技术和活动，也就是包括专业技术和管理技术两个方面。围绕产品形成全过程每一阶段的工作如何能保证做好，应对影响其质量的人、机、料、法、环（4M1E）因素进行控制，并对质量活动的成果进行分阶段验证，以便及时发现问题，查明原因，采取相应纠正措施，防止不合格情况的发生。因此，质量控制应贯彻预防为主与检验把关相结合的原则。

(3) 质量控制应贯穿在产品形成和体系运行的全过程。每一过程都有输入、转换和输出三个环节，通过对每一个过程三个环节实施有效控制，对产品质量有影响的各个过程处于受控状态，持续提供符合规定要求的产品才能得到保障。

(二) 建筑工程质量控制

建筑工程质量控制是指致力于满足工程质量要求，也就是保证工程质量满足工程合同、规范标准所采取的一系列的措施、方法和手段。工程质量要求主要表现为工程合同、设计文件、技术规范标准规定的质量标准。

建筑工程质量控制的内容是“采取的作业技术和活动”。这些活动包括：

(1) 确定控制对象，例如一道工序、设计过程、制造过程等。

(2) 规定控制标准，即详细说明控制对象应达到的质量要求。

(3) 制定具体的控制方法，例如工艺规程。

(4) 明确所采用的检验方法，包括检验手段。

(5) 实际进行检验。

(6) 说明实际与标准之间有差异的原因。

(7) 为解决差异而采取的行动。

工程质量的形成是一个有序和系统过程，其质量的高低综合体现了项目决策、项目设计、项目施工及项目验收等各环节的工作质量。通过提高工作质量来提高工程项目质量，使之达到工程合同规定的质量标准。工程项目质量控制一般可分为三个环节：一是对影响产品质量的各种技术和活动确立控制计划与标准，建立与之相应的组织机构；二是要按计划和程序实施，并在实施活动的过程中进行连续检验和评定；三是对不符合计划和程序的情况进行处置，并及时采取纠正措施等。抓好这三个环节，就能圆满完成质量控制任务。

三、建筑工程质量控制的基本原理

(一) PDCA 循环原理

PDCA 循环（图 1-1），是人们在管理实践中形成的基本理论方法。从实践论的角度看，管理就是确定任务目标，并按照 PDCA 循环原理来实现预期目标。由此可见 PDCA 是目标控制的基本方法。

(1) 计划 P (Plan)

可以理解为质量计划阶段，明确目标并制订实现目标的行动方案。在建筑工程项目的实施中，“计划”是指各相关主体根据其任务目标和责任范围，确定质量控制的组织制度、工程程序、技术方法、业务流程、资源配置、检验试验要求、质量记录方式、不合格处理、管理措施等具体内容和做法的文件，“计划”还须对其实现预期目标的可行性、有效性、经济合理性进行分析论证，按照规定的程序与权限审批执行。

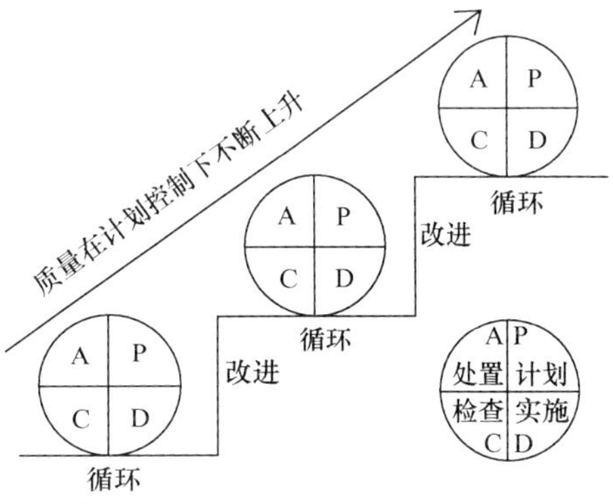

图 1-1 PDCA 循环示意图

（2） 实施 D（Do）

包含两个环节，即计划行动方案的交底和按计划规定的方法与要求展开工程作业技术活动。计划交底目的在于具体的作业者和管理者，明确计划的意图和要求，掌握标准，从而规范行为，全面地执行计划的行动方案，步调一致地去努力实现预期的目标。

（3） 检查 C（Check）

指对计划实施过程进行各种检查，包括作业者的自检、互检和专职管理者专检。各类检查都包含两大方面：一是检查是否严格执行了计划的行动方案，实际条件是否发生了变化，不执行计划的原因；二是检查计划执行的结果，即产出的质量是否达到标准的要求，对此进行确认和评价。

（4） 处置 A（Action）

对于质量检查所发现的质量问题或质量不合格，及时进行原因分析，采取必要的措施，予以纠正，保持质量形成的受控状态。处理分纠偏和预防两个步骤。前者是采取应急措施，解决当前的质量问题；后者是信息反馈管理部门反思问题症结或计划时的不周，为今后类似问题的质量预防提供借鉴。

（二） 三阶段控制原理

就是通常所说的事前控制、事中控制和事后控制。这三阶段控制构成了质量控制的系统过程。

（1） 事前控制

事前控制，要求预先进行周密的质量控制。尤其是工程项目施工阶段，制订质量计划或编制施工组织设计或施工项目管理实施规划（目前这三种计划方式基本上并用），都必须建立在切实可行、有效实现预期质量目标的基础上，作为一种行动方案进行施工部署。目前有些施工企业，尤其是一些资质较低的企业在承建中小型的一般工程项目时，往往把施工项目经理责任制曲解成“以包代管”的模式，忽略了技术质量管理的系统控制，失去企业整体技术和管理经验对项目施工计划的指导和支撑作用，这将造成质量预控的先天性缺陷。

事前控制，其内涵包括两层意思，一是强调质量目标的计划预控，二是按质量计划进行质量活动前的准备工作状态的控制。

（2） 事中控制

事中控制，首先是对质量活动的行为约束，即对质量产生过程各项技术作业活动操作者在相关制度的管理下的自我行为约束的同时，充分发挥其技术能力，去完成预定质量目标的作业任务；其次是对质量活动过程与结果和来自他人的监督控制。包括来自企业内部管理者的检查检验和来自企业外部的工程监理及政府质量监督部门的监控等。

事中控制虽然包含自控和监控两大环节，但其关键还是增强质量意识，发挥作业者的自我约束、自我控制，即坚持质量标准是根本、他人监控或控制是必要补充的原则，没有前者，或用后者取代前者都是不正确的。因此，在企业组织的质量活动中，通过监督机制和激励机制相结合的管理方法来发挥操作者更好的自我控制能力，以达到质量控制的效果，是非常必要的。这也只有通过建立和实施质量体系来达到。

（3） 事后控制

事后控制，包括对质量活动结果的评价认定和对质量偏差的纠正。从理论上分析，如果计划预控过程所制订的行动方案考虑得越周密，事中约束监控的能力越强越严格，实现质量预期目标的可能性就越大。理想的状况就是希望做到各项作业活动“一次成功”、“一次交验合格率100%”。但客观上相当部分的工程不可能达到，因为在过程中不可避免地会存在一些计划时难以预料的影响因素，包括系统因素和偶然因素。因此当出现质量实际值与目标值之间超出运行偏差时，必须分析原因，采取措施纠正偏差，保存质量受控状态。

以上三大环节，不是孤立和截然分开的，它们之间构成有机的系统过程，实质上也就是PDCA循环具体化，并在每一次滚动循环中不断提高，达到质量管理或质量控制的持续改进。

（三）三全控制管理

三全控制管理是来自于全面质量管理TQC的思想，同时包融在质量体系标准（GB/T 19000—ISO 9000）中，它指生产企业的质量管理应该是全面、全过程和全员参与的。这一原理对建筑工程项目的质量控制，同样有理论和实践的指导意义。

（1）全面质量控制

全面质量控制，是指工程（产品）质量和工作质量的全面控制，工作质量是产品质量的保证，工作质量直接影响产品质量的形成。对于建筑工程项目而言，全面质量控制还应该包括建设工程各参与主体的工程质量与工作质量的全面控制。如业主、监理、勘察、设计、施工总包、施工分包、材料设备供应商等，任何一方任何环节的怠慢疏忽或质量责任不到位都会造成对建设工程质量的影响。

（2）全过程质量控制

全过程质量控制，是指根据工程质量的形成规律，从源头抓起，全过程推进。GB/T 19000强调质量管理的“过程方法”管理原则。按照建设程序，建筑工程从项目建议书或建设构想提出，历经项目鉴别、选择、策划、调研、决策、立项、勘察、设计、发包、施工、验收、使用等各个有机联系的环节，构成了建设项目的总过程。其中每个环节又由诸多相互关联的活动构成相应的具体过程，因此，必须掌握识别过程和应用“过程方法”进行全过程质量控制。主要的过程有：项目策划与决策过程；勘察设计过程；施工采购过程；施工组织与准备过程；检测设备控制与计量过程；施工生产的检验试验过程；工程质量的评定过程；工程竣工验收与交付过程；工程回访维修服务过程。

（3）全员参与控制

从全面质量管理的观点看，无论组织内部的管理者还是作业者，每个岗位都承担着相应的质量职能，一旦确定了质量方针目标，就应组织和动员全体员工参与到实施质量方针的系统活动中去，发挥自己的角色作用。全员参与质量控制作为全面质量所不可或缺的重要手段就是目标管理。目标管理理论认为，总目标必须逐级分解，直到最基层岗位，从而形成自下而上，自岗位个体到部门团队的层层控制和保证关系，使质量总目标分解落实到每个部门和岗位。就企业而言，如果存在哪个岗位没有自己的工作目标和质量目标，说明这个岗位就是多余的，应予以调整。

四、工程质量控制的基本原则

（一）坚持质量第一的原则

工程质量不仅关系到工程的适用性和建设项目投资效果，而且关系到人民群众生命财产的安全。所以，在进行进度、成本、质量等目标控制时，在处理这些目标关系时，应坚持“百年大计，质量第一”，在工程建设中自始至终把“质量第一”作为对工程质量控制的基本原则。

（二）坚持以人为核心的原则

人是工程建设的决策者、组织者、管理者和操作者。工程建设中各单位、各部门、各岗位人员的工作质量水平和完美程度，都直接或间接地影响工程质量。所以在工程质量控制中，要以人为核心，重点控制人的素质和人的行为，充分发挥人的积极性和创造性，以人的工作质量保证工程质量。

（三）坚持以预防为主的原则

工程质量控制应该是积极主动的，应事先对影响质量的各种因素加以控制，而不能是消极被动的，等出现质量问题再进行处理，造成不必要的损失。所以，要重点做好质量的事前控制和事中控制，以预防为主，加强过程和中间产品的质量检查与控制。

（四）坚持质量标准的原则

质量标准是评价产品质量的尺度，工程质量是否符合合同规定的质量标准要求，应通过质量检验并和质量标准对照，符合质量标准要求的才是合格的，不符合质量标准要求的就是不合格的，必须返工处理。

（五）坚持科学、公正、守法的职业道德规范

在工程质量控制中，质量员必须坚持科学、公正、守法的职业道德规范，要尊重科学、尊重事实，以数据资料为依据，客观、公正地处理质量问题。要坚持原则，遵纪守法，秉公办事。

第三节　工程质量管理体制

一、工程质量责任体系

在工程项目建设中，参与工程建设的各方，应根据国家颁布的《建设工程质量管理条例》以及合同、协议及有关文件的规定承担相应的质量责任。

（一）建设单位的质量责任

（1）建设单位要根据工程特点和技术要求，按有关规定选择相应资质等级的勘察、设计单位和施工单位，在合同中必须明确质量责任，并真实、准确、齐全地提供与建设工程有关的原始资料。凡建设工程项目的勘察、设计、施工、监理以及与工程建设有关的重要设备材料等的采购，均实行招标，依法确定程序和方法，择优选定中标者。不得将应由一个承包单位完成的建设工程项目肢解成若干部分发包给几个承包单位；不得迫使承包方以低于成本的价格竞标；不得任意压缩合理工期；不得明示或暗示设计单位或施工单位违反建设强制性标准，降低建设工程质量。建设单位对其自行选择的设计、施工单位发生的质量问题承担相应责任。

（2）建设单位应根据工程特点，配备相应的质量管理人员。对国家规定强制实行监理的工程项目，必须委托有相应资质等级的工程监理单位进行监理。

（3）建设单位在工程开工前，负责办理有关施工图设计文件审查、工程施工许可证

和工程质量监督手续，组织设计和施工单位认真进行设计交底；在工程施工中，应按国家现行有关工程建设法规、技术标准及合同规定，对工程质量进行检查，涉及建筑主体和承重结构变动的装修工程，建设单位应在施工前委托原设计单位或者相应资质等级的设计单位提出设计方案，经原审查机构审批后方可施工。工程项目竣工后，应及时组织设计、施工、工程监理等有关单位进行施工验收，未经验收或验收不合格的，不得交付使用。

(4) 建设单位按合同的约定负责采购、供应的建筑材料、建筑构配件和设备，应符合设计文件和合同要求，对发生的质量问题，应承担相应的责任。

(二) 勘察、设计单位的质量责任

(1) 勘察、设计单位必须在其资质等级许可的范围内承揽相应的勘察设计任务，不许承揽超越其资质等级许可范围以外的任务，不得将承揽工程转包或违法分包，也不得以任何形式用其他单位的名义承揽业务或允许其他单位或个人以本单位的名义承揽业务。

(2) 勘察、设计单位必须按照国家现行的有关规定、工程建设强制性技术标准和合同要求进行勘察、设计工作，并对所编制的勘察、设计文件质量负责。勘察单位提供的地质、测量、水文等勘察成果文件必须真实、准确。设计单位提供的设计文件应当符合国家规定的设计深度要求，注明工程合理使用年限。设计文件中选用的材料、构配件和设备，应当注明规格、型号、性能等技术指标，其质量必须符合国家规定的标准。除有特殊要求的建筑材料、专用设备、工艺生产线外，不得指定生产厂、供应商。设计单位应就审查合格的施工图文件向施工单位作出详细说明，解决施工中对设计方面提出的问题，负责设计变更。参与工程质量事故分析，并对因设计造成的质量事故，提出相应的技术处理方案。

(三) 施工单位的质量责任

(1) 施工单位必须在其资质等级许可的范围内承揽相应的施工任务，不许承揽超越其资质等级业务范围以外的任务，不得将承接的工程转包或违法分包，也不得以任何形式用其他施工单位的名义承揽工程或允许其他单位或个人以本单位的名义承揽工程。

(2) 施工单位应对所承包的工程项目的施工质量负责。应当建立健全质量管理体系，落实质量责任制，确定工程项目的项目经理、技术负责人和施工管理负责人。实行总承包的工程，总承包单位应对全部建设工程质量负责；建设工程勘察、设计、施工、设备采购的一项或多项实行总承包的，总承包单位应对其承包的建设工程或采购的设备的质量负责；实行总分包的工程，分包单位应按照分包合同约定对其分包工程的质量向总承包单位负责；总承包单位与分包单位对分包工程的质量承担连带责任。

(3) 施工单位必须按照工程设计图纸和施工技术规范标准组织施工。未经设计单位同意，不得擅自修改工程设计。在施工中，必须按照工程设计要求、施工技术规范标准和合同约定，对建筑材料、构配件、设备和商品混凝土进行检验，不得偷工减料，不使用不符合设计和不符合强制性技术标准要求的产品，不使用未经检验和试验或检验和试验不合格的产品。

(四) 工程监理单位的质量责任

(1) 工程监理单位应按其资质等级许可的范围承担工程监理业务，不许超越本单位资质等级许可的范围或以其他工程监理单位的名义承担工程监理业务，不得转让工程监理业务，不许其他单位或个人以本单位的名义承担工程监理业务。

(2) 工程监理单位应依照法律、法规以及有关技术标准、设计文件和建设工程承包合同，与建设单位签订监理合同，代表建设单位对工程质量实施监理，并对工程质量承担监理责任。监理责任主要有违法责任和违约责任两个方面。如果工程监理单位故意弄虚作假，降低工程质量标准，造成质量事故的，要承担法律责任。若工程监理单位与承包单位串通，牟取非法利益，给建设单位造成损失的，应当与承包单位承担连带责任。如果监理单位在责任期内，不按照监理合同约定履行监理职责，给建设单位或其他单位造成损失的，属违约责任，应当向建设单位赔偿。

（五）建筑材料、构配件及设备生产或供应单位的质量责任

建筑材料、构配件及设备生产或供应单位对其生产或供应的产品质量负责。生产厂或供应商必须具备相应的生产条件、技术装备和质量管理体系，所生产或供应的建筑材料、构配件及设备的质量应符合国家和行业现行的技术规定的合格标准和设计要求，并与说明书和包装上的质量标准相符，并且应有相应的产品检验合格证，设备应有详细的使用说明等。

二、工程质量政府监督管理体制与职能

（一）监督管理体制

国务院建设行政主管部门对全国的建设工程质量实施统一监督管理。国务院铁路、交通、水利等有关部门按国务院规定的职责分工，负责对全国的有关专业建设工程质量的监督管理。县级以上地方人民政府建设行政主管部门对本行政区域内的建设工程质量实施监督管理。县级以上地方人民政府交通、水利等有关部门在各自职责范围内，负责本行政区域内的专业建设工程质量的监督管理。

国务院发展计划部门按照国务院规定的职责，组织稽查特派员，对国家出资的重大建设项目实施监督检查；国务院经济贸易主管部门按国务院规定的职责，对国家重大技术改造项目实施监督检查；国务院建设行政主管部门和国务院铁路、交通、水利等有关专业部门、县级以上地方人民政府建设行政主管部门和其他有关部门，对有关建设工程质量的法律、法规和强制性标准执行情况加强监督检查。

县级以上政府建设行政主管部门和其他有关部门履行检查职责时，有权要求被检查的单位提供有关工程质量的文件和资料，有权进入被检查单位的施工现场进行检查，在检查中如发现工程质量存在问题时，有权责令改正。

政府的工程质量监督管理具有权威性、强制性、综合性。

（二）工程项目质量政府监督的职能

（1）为加强对建设工程质量的管理，我国《建筑法》及《建设工程质量管理条例》明确政府行政主管部门设立专门机构对建设工程质量行使监督职能，其目的是保证建设工程质量、保证建设工程的使用安全及环境质量。国务院建设行政主管部门对全国建设工程质量实行统一监督管理，国务院铁路、交通、水利等有关部门按照规定的职责分工，负责对全国有关专业建设工程质量的监督管理。

（2）各级政府质量监督机构对建设工程质量监督的依据是国家、地方和各专业建设管理部门颁发的法律、法规及各类规范和强制性标准。

（3）政府对建设工程质量监督的职能包括两大方面：

1）监督工程建设的各方主体（包括建设单位、施工单位、材料设备供应单位、设计

勘察单位和监理单位等）的质量行为是否符合国家法律及各项制度的规定；

2）监督检查工程实体的施工质量，尤其是地基基础、主体结构、专业设备安装等涉及结构安全和使用功能的施工质量。

三、工程质量管理制度

（一）施工图设计文件审查制度

施工图设计文件（以下简称施工图）审查，是政府主管部门对工程勘察设计质量监督管理的重要环节。施工图审查是指国务院建设行政主管部门和省、自治区、直辖市人民政府建设行政主管部门委托依法认定的设计审查机构，根据国家法律、法规、技术标准与规范，对施工图进行结构安全和强制性标准、规范执行情况等进行的独立审查。

（1）施工图审查的范围

建筑工程设计等级分级标准中的各类新建、改建、扩建和建筑工程项目均属审查范围。省、自治区、直辖市人民政府建设行政主管部门，可结合本地的实际，确定具体的审查范围。

建设单位应当将施工图报送建设行政主管部门，由建设行政主管部门委托有关审查机构，进行结构安全和强制性标准、规范执行情况等内容的审查。建设单位将施工图报请审查时，应同时提供下列资料：批准的立项文件或初步设计批准文件；主要的初步设计文件；工程勘察成果报告；结构计算书及计算软件名称等。

（2）施工图审查的主要内容

1）建筑物的稳定性、安全性审查，包括地基基础和主体结构是否安全、可靠。

2）是否符合消防、节能、环保、抗震、卫生、人防等有关强制性标准、规范。

3）施工图是否达到规定的深度要求。

4）是否损害公众利益。

（3）施工图审查有关各方的职责

1）国务院建设行政主管部门负责全国施工图审查管理工作。省、自治区、直辖市人民政府建设主管部门负责组织本行政区域的施工图审查工作的具体实施和监督管理工作。

建设行政主管部门在施工图审查工作中主要负责制定审查程序、审查范围、审查内容、审查标准并颁布审查批准书；负责制定审查机构和审查人员条件；批准审查机构；认定审查人员；对审查机构和审查工作进行监督并对违规行为进行查处；对施工图设计审查负依法监督管理和行政责任。

2）勘察、设计单位必须按照工程建设强制性标准进行勘察、设计，并对勘察、设计质量负责。审查机构按照有关规定对勘察结果、施工图设计文件进行审查，但并不改变勘察、设计单位的质量责任。

3）审查机构接受建设行政主管部门的委托对施工图设计文件涉及安全和强制性标准执行情况进行技术审查。建设工程经施工图设计文件审查后因勘察设计原因发生工程质量问题，审查机构承担审查失职的责任。

（4）施工图审查程序

1）建设单位向建设行政主管部门报送施工图，并做书面记录；

2）建设行政主管部门委托审查机构进行审查，同时发出委托审查通知书；

3）审查机构完成审查，向建设行政主管部门提交技术性审查报告；

4）审查结束，建设行政主管部门向建设单位发出施工图审查批准书；

5）报审施工图设计文件和有关资料应存档备查。

（5）施工图审查管理

审查机构应当在收到审查材料后20个工作日内完成审查工作，并提出审查报告。特级和一级项目应当在30个工作日内完成审查工作，并提出审查报告，其中重大及技术复杂项目的审查时间可适当延长。审查合格的项目，审查机构向建设行政主管部门提交项目施工图审查报告，由建设行政主管部门向建设单位通报审查结果，并颁发施工图审查批准书。对审查不合格的项目，提出书面意见后，由审查机构将施工图退回建设单位，并由原设计单位修改，重新送审。

施工图一经审查批准，不得擅自进行修改。如遇特殊情况需要进行涉及审查主要内容的修改时，必须重新报请原审批部门，由原审批部门委托审查机构审查后再批准实施。

建设单位或设计单位对审查机构做出的审查报告如有重大分歧时，可由建设单位或设计单位向所在省、自治区、直辖市人民政府建设行政主管部门提出复查申请，由后者组织专家论证并做出复查结果。

施工图审查工作所需经费，由施工图审查机构按有关收费标准向建设单位收取。建筑工程竣工验收时，有关部门应按照审查批准的施工图进行验收。建设单位要对报送的审查材料的真实性负责，勘察、设计单位对提交的勘察报告、设计文件的真实性负责，并积极配合审查工作。

（二）工程质量监督制度

国家实行建设工程质量监督管理制度。工程质量监督管理的主体是各级政府建设行政主管部门和其他有关部门。但由于工程建设周期长、环节多、点多面广，工程质量监督工作是一项专业技术性强，且繁杂的工作，政府部门不可能亲自进行日常检查。因此，工程质量监督管理由建设行政主管部门或其他有关部门委托的工程质量监督机构具体实施。

工程质量监督机构是经省级以上建设行政主管部门或有关专业部门考核认定，具有独立法人资格的单位。它受县级以上地方人民政府建设行政主管部门或有关专业部门的委托，依法对工程质量进行强制性监督，并对委托部门负责。

工程质量监督机构的主要任务：

（1）根据政府主管部门的委托，受理建设工程项目的质量监督。

（2）制订质量监督工作方案，确定负责该项工程的质量监督工程师和助理质量监督师。

根据有关法律、法规和工程建设强制性标准，针对工程特点，明确监督的具体内容、监督方式。在方案中对地基基础、主体结构和其他涉及结构安全的重要部位和关键过程，作出实施监督的详细计划安排，并将质量监督工作方案通知建设、勘察、设计、施工、监理单位。

（3）检查施工现场工程建设各方主体的质量行为。

检查施工现场工程建设各方主体及有关人员的资质或资格；检查勘察、设计、施工、监理单位的质量管理体系和质量责任制落实情况；检查有关质量文件、技术资料是否齐全并符合规定。

（4）检查建设工程实体质量

按照质量监督工作方案，对建设工程地基基础、主体结构和其他涉及安全的关键部位进行现场实地抽查，对用于工程的主要建筑材料、构配件的质量进行抽查。对地基基础分部、主体结构分部和其他涉及安全的分部工程的质量验收进行监督。

（5）监督工程质量验收

监督建设单位组织的工程竣工验收的组织形式、验收程序以及在验收过程中提供的有关资料和形成的质量评定文件是否符合有关规定，实体质量是否存在严重缺陷，工程质量验收是否符合国家标准。

（6）向委托部门报送工程质量监督报告

报告的内容应包括对地基基础和主体结构质量检查的结论，工程师施工验收的程序、内容和质量检验评定是否符合有关规定，及历次抽查该工程质量问题和处理情况等。

（7）对预制建筑构件和混凝土的质量进行监督。

（8）受委托部门委托按规定收取工程质量监督费。

（9）政府主管部门委托的工程质量监督管理的其他工作。

（三）工程质量检测制度

工程质量检测工作是对工程质量进行监督管理的重要手段之一。工程质量检测机构是对建设工程、建筑构件、制品及现场所有的有关建筑材料、设备质量进行检测的法定单位。在建设行政主管部门领导和标准化管理部门指导下开展检测工作，其出具的检测报告具有法定效力。法定的国家级检测机构出具的检测报告，在国内为最终裁定，在国外具有代表国家的性质。

（1）国家级检测机构的主要任务

1）受国务院建设行政主管部门委托，对指定的国家重点工程进行检测复核，提出检测复核报告和建议。

2）受国家建设行政主管部门和国家标准部门委托，对建筑构件、制品及有关材料、设备及产品进行抽样检验。

（2）各省级、市（区）级、县级检测机构的主要任务

1）对本地区正在施工的建设工程所用的材料、混凝土、砂浆和建筑构件等进行随机抽样检测，向本地建设工程质量主管部门和质量监督部门提出抽样报告和建议。

2）受同级建设行政主管部门委托，对本省、市（区）、县的建筑构件、制品进行抽样检测。

对违反技术标准、失去质量控制的产品，检测单位有权提供主管部门停止其生产的证明，不合格产品不准出厂，已出厂的产品不得使用。

（四）工程质量保修制度

建设工程质量保修制度是指建设工程在办理交工验收手续后，在规定的保修期限内，因勘察、设计、施工、材料等原因造成的质量问题，要由施工单位负责维修、更换，由责任单位负责赔偿损失。质量问题是指工程不符合国家工程建设强制性标准、设计文件以及合同中对质量的要求。

建设工程承包单位在向建设单位提交工程竣工验收报告时，应向建设单位出具工程质量保修书，质量保修书中应明确建设工程保修范围、保修期限和保修责任等。

在正常使用条件下，建设工程的最低保修期限为：

1）基础设施工程、房屋建筑工程的地基基础和主体结构工程，为设计文件规定的该工程的合理使用年限；

2）屋面防水工程、有防水要求的卫生间、房间和外墙面的防渗漏为5年；

3）供热与供冷系统，为2个采暖期、供冷期；

4）电气管线、给排水管道、设备安装和装修工程为2年。

其他项目的保修期由发包方与承包方约定。保修期自竣工验收合格之日起计算。

建设工程在保修范围和保修期限内发生质量问题的施工单位应当履行保修义务。保修义务的承担和经济责任的承担应按下列原则处理：

1）施工单位未按国家有关标准、规范和设计要求施工，造成的质量问题由施工单位负责返修并承担经济责任。

2）由于设计方面的原因造成的质量问题，先由施工单位负责维修，其经济责任按有关规定通过建设单位向设计单位索赔。

3）因建筑材料、构配件和设备不合格引起的质量问题，先由施工单位负责维修，其经济责任属于施工单位采购的，由施工单位承担经济责任；属于建设单位采购的，由建设单位承担经济责任。

4）因建设单位（含监理单位）错误管理造成的质量问题，先由施工单位负责维修，其经济责任由建设单位承担，如属监理单位责任的，则由建设单位向监理单位索赔。

5）因使用单位使用不当造成的损坏问题，先由施工单位负责维修，其经济责任由使用单位自行负责。

6）因地震、洪水、台风等不可抗拒原因造成的损坏问题，先由施工单位负责维修，建设参与各方根据国家具体政策分担经济责任。

第四节　质量管理体系标准

一、ISO 9000 质量管理标准简介

ISO 9000 是指质量管理体系标准，不是指一个标准，而是一族标准的统称，是由国际标准化组织（ISO）质量管理和质量保证技术委员会（TC176）编制的一族国际标准。

其核心标准有4个，如图1-2所示。我国按等同采用的原则，翻译发布后，标准号为 GB/T 19＊＊＊，由于发布时间的差异，因此标准发布的年号与 ISO 标准有差异。

（1）ISO 9000

2005《质量管理体系　基础和术语》，表述质量管理体系基础知识，并规定质量管理体系术语。

（2）ISO 9001

2008《质量管理体系　要求》，规定质量管理体系要求，用于证实组织具有提供满足顾客要求和适用法规要求的产品的能力，目的在于增进顾客满意度。

（3）ISO 9004

2000《质量管理体系　业绩改进指南》，提供考虑质量管理体系的有效性和效率两方面的指南，目的是促进组织业绩改进和使顾客及其他相关方满意。

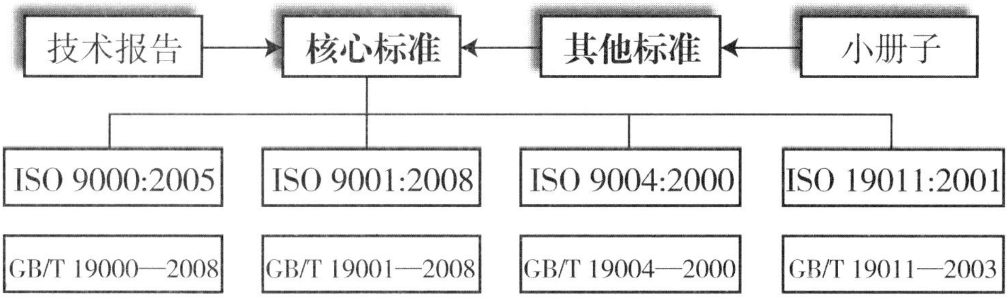

图 1-2　ISO 9000 族标准结构

（4）ISO 19011

2000《质量和（或）环境管理体系审核指南》，提供审核质量和环境管理体系的指南。

ISO 9000 族标准为全世界的各种类型和规模的组织规定了质量管理体系（QMS）的术语、原则、原理、要求和指南，以满足各种类型和规模的组织对证实能力和增进顾客满意度所需的国际通用标准的要求。

建筑施工企业按 ISO 9001 标准建立质量管理体系，通过事前策划、整体优化、过程控制、持续改进等一系列的质量管理活动，通过抓管理质量、工作质量促进建筑施工质量的提高，具有重要的现实意义和积极的促进作用。

值得注意的是，人们通常所说的 ISO 9000 质量管理体系认证，实际上仅指按 ISO 9001（GB/T 19001—2008）标准进行的质量管理体系的认证，就 ISO 9000 族标准而言，这也仅是以顾客满意为目的的一种合格水平的质量管理，要达到高水平的质量管理，还要按 ISO 9004（GB/T 19004—2000）的要求，不断进行质量管理体系的改进和优化。

二、质量管理的八项原则

（1）GB/T 19001 质量管理体系标准是我国按等同原则，从 2008 版 ISO 9000 族国际标准转化而成的质量管理体系标准。

（2）八项质量管理原则是 2008 版 ISO 9000 族标准的编制基础，八项质量管理原则是世界各国质量管理成功经验的科学总结，其中不少内容与我国全面质量管理的经验相吻合。它的贯彻执行能促进企业管理水平的提高，并提高顾客对其产品或服务的满意程度，帮助企业达到持续成功的目的。

（3）质量管理八项原则的具体内容

原则一：以顾客为关注焦点

组织（从事一定范围生产经营活动的企业）依存于其顾客。该组织应理解顾客当前的和未来的需求，满足顾客要求并争取超越顾客的期望。

原则二：领导作用

领导者确立本组织统一的宗旨和方向，并营造和保持员工充分参与实现组织目标的内部环境。因此领导在企业质量管理中起着决定的作用。只有领导重视，各项质量活动才能有效开展。

原则三：全员参与

各级人员都是组织之本，只有全员充分参与，才能使他们的才干为组织带来收益。产品质量是产品形成过程中全体人员共同努力的结果，其中也包含着为他们提供支持的管理、检查、行政人员的贡献。企业领导应对员工进行质量意识等各方面的教育，激发他们的积极性和责任感，为其能力、知识、经验的提高提供机会，发挥创造精神，鼓励持续改进，给予必要的物质和精神奖励，使全员积极参与，为达到让顾客满意的目标而奋斗。

原则四：过程方法

将相关的资源和活动作为过程进行管理，可以更高效地得到期望的结果。任何使用资源生产活动和将输入转化为输出的一组相关联的活动可视为过程。2000 版 ISO 9000 标准是建立在过程控制的基础上。一般在过程输入端、过程的不同位置及输出端都存在着可以进行测量、检查的机会和控制点，对这些控制点实行测量、检测和管理，便能控制过程的有效实施。

原则五：管理系统方法

将相互关联的过程作为系统加以识别、理解和管理，有助于组织提高实现其目标的有效性和效率。不同企业应根据自己的特点，建立资源管理、过程实现、测量分析改进等方面的关联关系，并加以控制。即采用过程网络的方法建立质量管理体系，实施系统管理。一般建立实施质量管理体系包括：①确定顾客期望；②建立质量目标和方针；③确定实现目标的过程和职责；④确定必须提供的资源；⑤规定测量过程有效性的方法；⑥实施测量确定过程的有效性；⑦确定防止不合格并清除产生原因的措施；⑧建立和应用持续改进质量管理体系的过程。

原则六：持续改进

持续改进总体业绩是组织的一个永恒目标，其作用在于增强企业满足质量要求的能力，包括产品质量、过程及体系的有效性和效率的提高。持续改进是增强和满足质量要求能力的循环活动，使企业的质量管理走上良性循环的轨道。

原则七：基于事实的决策方法

有效的决策应建立在数据和信息分析的基础上，数据和信息分析是事实的高度提炼。以事实为依据作出决策，可防止决策失误。为此，企业领导应高度重视数据信息的收集、汇总和分析，以便为决策提供依据。

原则八：与供方互利的关系

组织与供方是相互依存的，建立双方的互利关系可以增强双方创造价值的能力。供方提供的产品是企业提供产品的一个组成部分。处理好与供方的关系，涉及企业能否持续稳定提供顾客满意产品的重要问题。因此，对供方不能只讲控制，不讲合作互利，特别是关键供方，更要建立互利关系，这对企业与供方双方都有利。

三、质量管理体系文件的构成

（1）GB/T 19001 质量管理体系标准对质量体系文件的重要性作了专门的阐述，要求企业重视质量体系文件的编制和使用。编制和使用质量体系文件本身是一项具有动态管理要求的活动。因为质量体系的建立、健全要从编制完善体系文件开始，质量体系的运行、审核与改进都是依据文件的规定进行，质量管理实施的结果也要形成文件，作为证实产品质量符合规定要求及质量体系有效的证据。

（2）GB/T 19001 质量管理体系对文件提出明确要求，企业应具有完整和科学的质量体系文件。质量管理体系文件一般由以下内容构成：

1）形成文件的质量方针和质量目标；

2）质量手册；

3）质量管理标准所要求的各种生产、工作和管理的程序性文件。

4）质量管理标准所要求的质量记录。

以上各类文件的详略程度无统一规定，以适于企业使用、使用过程受控为准则。

（3）质量方针和质量目标

一般都以简明的文字来表述，是企业质量管理的方向目标，应反映用户及社会对工程质量的要求及企业相应的质量水平和服务承诺，也是企业质量经营理念的反映。

（4）质量手册

质量手册是规定企业组织建立质量管理体系的文件，质量手册对企业质量体系作系统、完整和概要的描述。其内容一般包括：企业的质量方针、质量目标；组织机构及质量职责；体系要素或基本控制程序；质量手册的评审、修改和控制的管理办法。

质量手册作为企业管理系统的纲领性文件应具备指令性、系统性、先进性、可行性和可检查性。

（5）程序文件

质量体系程序文件是质量手册的支持性文件，是企业各职能部门为落实质量手册要求而规定的细则，企业为落实质量管理工作而建立的各项管理标准、规章制度都属程序文件范畴。各企业程序文件的内容及详略可视企业情况而定。一般有以下六个方面的程序为通用性管理程序，各类企业都应在程序文件中制定下列程序：

1）文件控制程序；

2）质量记录管理程序；

3）内部审核程序；

4）不合格品控制程序；

5）纠正措施控制程序；

6）预防措施控制程序。

除以上六个程序以外，还有涉及产品质量形成过程各环节控制的程序文件，如生产过程、服务过程、管理过程、监督过程等管理程序，不作统一规定，可视企业质量控制的需要而制定。

为确保过程的有效运行和控制，在程序文件的指导下，尚可按管理需要编制相关文件，如作业指导书、具体工程的质量计划等。

（6）质量记录

质量记录是产品质量水平和质量体系中各项质量活动进行及结果的客观反映。对质量体系程序文件所规定的运行过程及控制测量检查的内容如实加以记录，以证明产品质量达到合同要求质量保证的满足程度。如果在控制体系中出现偏差，则质量记录不仅须反映偏差情况，而且应反映出针对不足之处采取的纠正措施及纠正效果。

质量记录应完整地反映质量活动实施、验证和评审的情况，并记载关键活动的过程参数，具有可追溯性。质量记录以规定的形式和程序进行，并有实施、验证、审核等签署意见。

四、质量管理体系的建立和运行

（1）质量管理体系的建立是企业按照八项质量管理原则，在确定市场及顾客需求的前提下，制定企业的质量方针、质量目标、质量手册、程序文件及质量记录等体系文件，确定企业在生产（或服务）全过程的作业内容、程序要求和工作标准，并将质量目标分解落实到相关层次、相关岗位的职能和职责中，形成企业质量管理体系执行系统的一系列工作。质量管理体系的建立还包含着组织不同层次的员工培训，使体系工作和执行要求为员工所了解，为形成全员参与企业质量管理体系的运行创造条件。

（2）质量管理体系的建立需识别并提供实现质量目标和持续改进所需的资源，包括人员、基础设施、环境、信息等。

（3）质量管理体系的运行是在生产及服务的全过程按质量管理文件体系制定的程序、标准、工作要求及目标分解的岗位职责进行操作运行。

（4）质量管理体系运行的过程中，按各类体系文件的要求，监督、测量和分析过程中的有效性和效率，做好文件规定的质量记录，持续收集、记录并分析过程的数据和信息，全面体现产品的质量和过程符合要求及可追溯的效果。

（5）按文件规定的办法进行管理评审和考核：过程运行的评审。

（6）落实质量体系的内部审核程序，有组织、有计划地开展内部质量审核活动，其主要目的是：

1）评价质量管理程序的执行情况及适用性；

2）揭露过程中存在的问题，为质量改进提供依据；

3）建立质量体系运行的信息；

4）向外部审核单位提供体系有效的证据。

为确保系统内部审核的效果，企业领导应进行决策领导，制定审核政策、计划，组织内审人员队伍，落实内部审核，并对审核发现的问题采取纠正措施和提供人、财、物等方面的支持。

五、质量管理体系的认证与监督

（1）质量管理体系认证的意义

质量认证制度是由公正的第三方——认证机构对企业的产品及质量体系作出正确可靠的评价，从而使社会对企业产品建立信心。第三方质量认证制度自20世纪80年代以来已得到世界各国普遍重视，它对供方、需方、社会和国家的利益都具有以下重要意义：

1）提高供方企业质量信誉；

2）促进企业完善质量体系；

3）增强国际市场竞争能力；

4）减少社会重复检验和检查费用；

5）有利于保护消费者利益；

6）有利于法规的实施。

（2）质量管理体系的申报及批准程序

1）申请和受理：具有法人资格，并已按GB/T 19000—ISO 9000族标准或其他国际公认的质量体系规范建立了文件化的质量管理体系，并在生产经营全过程贯彻执行的企业可提出申请。申请单位须按要求填写申请书，认证机构经审查符合要求后接受申请，如不符合则不接受申请，均须发出书面通知书。

2）审核：认证机构派出审核组对申请方质量体系进行检查和评定。包括文件审查、现场审核，并提出审核报告。

3）审批与注册发证：认证机构对审核组提出的审核报告进行全面审查，符合标准者批准给予注册，发给认证证书（内容包括证书号、注册企业名称地址、认证和质量体系覆盖产品的范围、评价依据及质量保证模式标准及说明、发证机构、签发人和签发日期）。

（3）获准认证后的维护与监督管理

企业获准认证的有效期为三年。企业获准认证后，应通过经常性的内部审核，维持质量管理体系的有效性，并接受认证机构对企业质量体系实施监督管理。获准认证后的质量管理体系维持与监督管理内容包括：

1）企业通报：认证合格的企业质量体系在运行中出现较大变化时，须向认证机构通报，认证机构接到通报后，视情况采取必要的监督检查措施。

2）监督检查：认证机构对认证合格单位质量维持情况进行监督性现场检查，包括定期和不定期的监督检查。定期检查通常是每年一次，不定期检查视需要临时安排。

3）认证注销：注销是企业的自愿行为。在企业体系发生变化或有效期届满时未提出重新申请等情况下，认证持证者提出注销的，认证机构予以注销，收回体系认证证书。

4）认证暂停：是认证机构对获证企业质量体系发生不符合认证要求情况时采取的警告措施。认证暂停期间，企业不得用体系认证证书作宣传。企业在规定期间采取纠正措施满足规定条件下，认证机构撤销认证暂停。否则将撤销认证注册，收回合格证书。

5）认证撤销：当获证企业发生质量体系存在严重不符合规定或在认证暂停的规定期限未予整改的，或发生其他构成撤销体系认证资格情况时，认证机构作出撤销认证的决定。企业不服可提出申诉。撤销认证的企业一年后可重新提出认证申请。

6）复评：认证合格有效期满前，如企业愿意继续延长，可向认证机构提出复评申请。

7）重新换证：在认证证书有效期内，出现体系认证标准变更、体系认证范围变更、体系认证证书持有者变更，可按规定重新换证。

复习思考题

1. 什么是质量？其含义有哪些方面？
2. 什么是建筑工程质量？
3. 建筑工程质量的特性有哪些？其内涵如何？
4. 试述工程建设各阶段对质量形成的影响。
5. 试述影响工程质量的因素。
6. 试述工程质量的特点。
7. 什么是质量控制？其含义如何？
8. 什么是建筑工程质量控制？其包括什么内容？
9. 简述建筑工程质量控制的基本原理。
10. 试述工程质量控制的基本原则。
11. 试述工程质量责任体系。
12. 简述工程质量管理制度。
13. 试述质量管理的八项原则。
14. 质量管理体系构成的文件有哪些？
15. 试述质量管理体系的建立和运行。

第二章　建筑工程施工质量控制

第一节　建筑工程施工质量控制概述

工程施工是使工程设计意图最终实现并形成工程实体的阶段，也是最终形成工程产品质量和工程项目使用价值的重要阶段，因此施工阶段的质量控制是工程项目质量控制的重点。

一、建筑工程施工质量控制的目标

（1）施工质量控制的总体目标，是贯彻执行建设工程质量法规和强制性标准，正确配置施工生产要素和采用科学管理的方法，实现工程项目预期的使用功能和质量标准。这是建设工程参与各方的共同责任。

（2）建设单位的质量控制目标，是通过施工全过程的全面质量监督管理、协调和决策，保证竣工项目达到投资所确定的质量标准。

（3）设计单位在施工阶段的质量控制目标，是通过对施工质量的验收签证、设计变更控制及纠正施工中所发现的设计问题，采纳变更设计的合理化建议等，保证竣工项目的各项施工结果与设计文件（包括变更文件）所规定的标准相一致。

（4）施工单位的质量控制目标，是通过施工全过程的全面质量自控，保证交付满足施工合同及设计文件所规定的质量标准（含工程质量创优要求）的建筑工程产品。

（5）监理单位在施工阶段的质量控制目标，是通过审核施工质量文件、报告报表及现场旁站检查、平行检测、施工指令和结算支付控制等手段的应用，监控施工承包单位的质量活动行为，协调施工关系，正确履行工程质量的监督责任，以保证质量达到施工合同和设计文件所规定的质量标准。

二、建筑施工质量控制的依据

《建设工程质量管理条例》第二十八条规定："施工单位必须按照工程设计图纸和施工技术标准施工，不得擅自修改工程设计，不得偷工减料。施工单位在施工过程中发现设计文件和图纸有差错的，应当及时提出意见和建议。"

第二十九条规定："施工单位必须按照工程设计要求、施工技术标准和合同约定，对建筑材料、建筑构配件、设备和商品混凝土进行检验，检验应当有书面记录和专人签字；未经检验或者检验不合格的，不得使用。"

这就表明，施工单位的质量控制的依据不仅是工程设计文件和图纸，还有相关的施工技术标准，并且，施工单位对设计文件和图纸还负有一定的质量监控责任和义务。也即是说，建筑施工质量控制的最终依据是施工技术标准。

（一）工程建设标准体系

根据《中华人民共和国标准化法》的规定，和其他所有标准一样，工程建设标准也被分为国家标准、行业标准、地方标准和企业标准。截至2007年年底，工程建设标准的总数（不含企业标准）已经达到4 950项。

（1）国家标准是指对需要在全国范围内统一的技术要求所制定的标准。由住建部统一负责组织制定，和国家质量技术监督检验检疫总局联合发布。1991年以后，国家标准中的强制性标准代号采用GB，推荐性标准代号采用GB/T。发布顺序号大于50 000者为工程建设标准，小于50 000者为工业产品标准（以前工程建设国家标准的代号采用GBJ）。

（2）行业标准是指对没有国家标准，而又需要在全国某个行业范围内统一的技术要求所制定的标准。由各个部门分别组织制定，发布和管理。如铁道工程建设标准由铁道部、水利工程建设标准由水利部归口管理，但各个部门所制定的行业标准要到建设部备案。建筑工业行业，强制性标准采用JG，推荐性标准采用JG/T，属于工程建设标准的，在行业代号后加字母J，例如JGJ 79—2002、JGJ/T 14—2004。

（3）地方标准是指对没有国家标准、行业标准而又需要在省、自治区、直辖市行政区范围内统一技术要求所制定的标准。由各省、自治区、直辖市建设主管部门负责组织制定，也需要到建设部备案。强制性地方标准代号采用“DB+地区行政区划代码的前两位数”。推荐性标准在上述代号后+斜线/+字母T。属于工程建设标准的，不少地区在DB后另加字母J。例如北京市标准DBJ 01—39—98，DBJ/T 01—92—2004等。

（4）企业标准是指在工程建设活动中，对没有国家标准、行业标准或地方标准而又需要在企业内部统一的技术、工作和管理要求所制定的标准。企业标准代号为Q。此外，原建设部自80年代以来一直在开展协会标准的试点工作，针对工程建设中新技术、新工艺、新材料的应用，由中国工程建设标准化协会组织开展了协会标准的制定和发布。

（二）工程建设强制性标准

在各类标准中，国家标准、行业标准、地方标准又分为强制性标准和推荐性标准。

工程建设强制性标准，相当于国际上通常所指的工程建设技术法规，在规定的适用范围内必须执行；推荐性标准具有技术权威性，经过合同或行政性文件确认采用后，在确认的范围内也具有法律属性，换句话说，不执行强制性标准属违法行为，不执行合同确认的推荐性标准，属违约行为。

在我国，强制性标准有强制性条文和全文强制标准两种形式。强制性标准主要是指在工程建设国家标准、行业标准、地方标准中，直接涉及工程安全、人体健康、环境保护、能源资源节约和其他公众利益的，且必须严格执行的技术规定。

强制性条文，就是在批准发布的标准中，以黑体字标识的那些条文。自2000年4月起，建设部开始发布实施《工程建设标准强制性条文（房屋建筑部分）》。这是房屋建筑领域中现行强制性国家和行业标准中直接涉及人民生命财产安全、人身健康，环境保护和公众利益的，必须严格执行的强制性条文的汇编本。其目的是重新界定强制性条文的范围，更加突出重点，有利于保证国务院《建设工程质量管理条例》通过施工图审查和竣工验收等工程建设重要环节来切实贯彻执行，确保建设工程的质量。

（三）工程建设标准体系中的其他独有形式

（1）中国工程建设标准化协会标准

原建设部自80年代以来一直在开展协会标准的试点工作，针对工程建设中新技术、新工艺、新材料的应用，由中国工程建设标准化协会组织开展协会标准的制定和发布。中国工程建设标准化协会发布的协会标准代号一律采用CECS。

（2）标准设计图集

工程建设标准设计图集（一般简称为标准图集）是指国家、行业和地方对于工程建设构配件与制品、建筑物、构筑物、工程设施和装置等编制的通用设计文件，为新产品、新技术、新工艺和新材料推广使用编制的应用设计文件。

标准图集一般是由技术水平较高的单位编制，并经有关专家审查，建设行政主管部门批准实施，因此具有一定的权威性。标准图集一般是对现行有关规范（程）和标准的图示化和具体化，便于工程技术人员更加正确地理解和贯彻规范（程）和标准。

大部分标准图集是可以直接引用到工程设计图纸中的。只要施工人员按设计要求的标准图施工，就能保证施工的正确性，不能直接引用的标准图集，也可对工程技术工作起到重要的指导作用，从而保证工程质量。

（3）工法

工法是指以工程为对象、工艺为核心，运用系统工程的原理，把先进技术和科学管理结合起来，经过工程实践形成的综合配套的施工方法。它具有先进、适用和保证工程质量与安全、提高施工效率、降低工程成本等特点。

工法分为国家级（一级）、省（部）级（二级）和企业级（三级）三个等级。

工法自批准发布之日起计算其有效期，国家级工法的有效期为6年，省（部）级工法由发布部门规定。

三、施工项目质量管理的过程

任何工程项目都是由分项工程、分部工程和单位工程所组成的，而工程项目的建设，则是通过一道道工序来完成。所以，施工项目的质量管理是从工序质量到分项工程质量、分部工程质量、单位工程质量的系统控制过程（图2-1），也是一个由对投入原材料的质量控制开始，直到完成工程质量检验为止的全过程的系统过程（图2-2）。

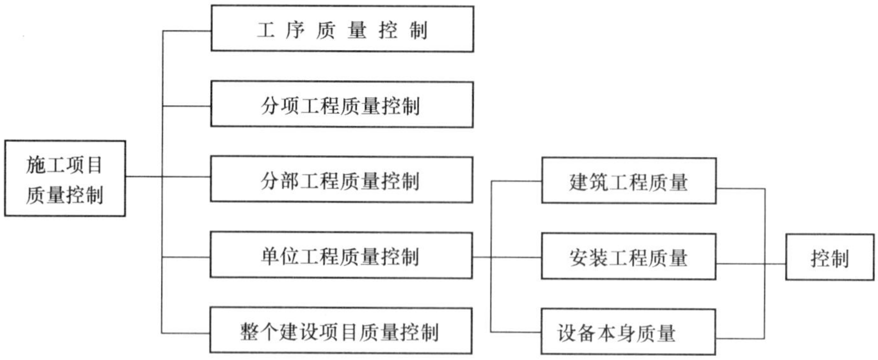

图2-1　施工项目质量控制过程（一）

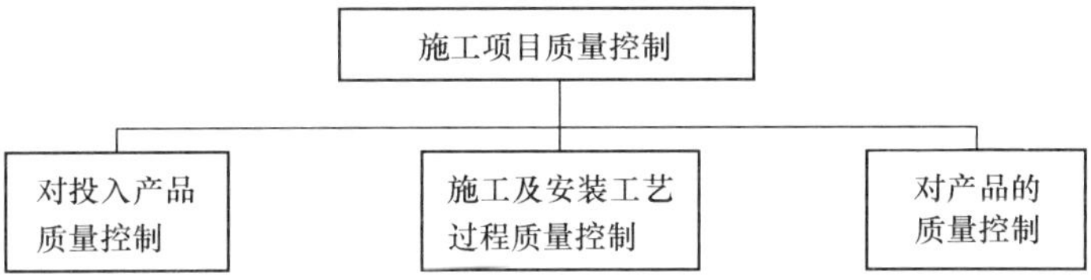

图 2-2　施工项目质量控制过程（二）

四、施工项目质量管理阶段

为了加强对施工项目的质量管理，明确各施工阶段管理的重点，可把施工项目质量分为事前控制、事中控制和事后控制三个阶段（图 2-3）。

- 施工阶段质量管理
  - 事前控制
    - 施工准备质量控制
      - 质量控制系统组织
      - 质量保证体系、施工管理人员资质审查
      - 原材料、半成品及构配件质量控制
      - 机械设备质量控制
      - 施工方案、施工计划、施工方法、检验方法审查
      - 工程技术环境监督检查
      - 现场管理环境监督检查
      - 新技术、新工艺、新材料审查把关
      - 测量标准审核、检查
    - 图纸会审及技术交底
    - 审查开工申请，把好开工关
  - 事中控制
    - 施工过程质量控制
      - 工序控制
      - 工序之间交接检查
      - 隐蔽工程质量控制
    - 中间产品质量控制
    - 分部、分项工程质量评定
    - 设计变更与图纸修改的审查
  - 事后控制
    - 施工质量检验
      - 联动试车（工业产品）
      - 验收文件审核
      - 竣工检验
    - 工程质量评定
    - 工程质量文件审核与建档

图 2-3　施工项目质量管理阶段

（一）事前控制

即对施工前准备阶段进行的质量控制，指在各工程对象正式施工活动开始前，对各项准备工作及影响质量的各因素和有关方面进行质量控制。

（1）施工技术准备工作的质量控制应符合的要求

1）组织施工图纸审核及技术交底：

①应要求勘察设计单位按国家现行的有关规定、标准和合同规定，建立健全质量保证体系，完成符合质量要求的勘察设计工作。

②在图纸审核中，审核图纸资料是否齐全，标准尺寸有无矛盾及错误，供图计划是否满足组织施工的要求及所采取的保证措施是否得当。

③设计采用的有关数据及资料是否与施工条件相适应，能否保证施工质量和施工安全。

④进一步明确施工中具体的技术要求及应达到的质量标准。

2）核实资料：核实和补充现场调查及收集的技术资料，应确保可靠性、准确性和完整性。

3）审查施工组织设计或施工方案：重点审查施工方法与机械选择、施工顺序、进度安排及平面布置等是否能保证组织连续施工，审查所采取的质量保证措施。

4）建立保证工程质量的必要试验设施。

（2）现场准备工作的质量控制应符合施工质量要求

1）场地平整度和压实程度是否满足施工质量要求；

2）测量数据及水准点的埋设是否满足施工要求；

3）施工道路的布置及路况质量是否满足运输要求；

4）水、电、热及通讯等的供应质量是否满足施工要求。

（3）材料设备供应工作的质量控制应符合的要求

1）材料设备供应程序与供应方式是否能保证施工顺利进行。

2）所供应的材料设备的质量是否符合国家有关法规、标准及合同规定的质量要求。设备应具有产品详细说明书及附图，进场的材料应检查验收，验规格、验数量、验品种、验质量，做到合格证、化验单与材料实际质量相符。

（二）事中控制

事中控制，即对施工过程中进行的所有与施工有关方面的质量控制，也包括对施工过程中的中间产品（工序产品或分部、分项工程产品）的质量控制。

事中控制的策略，是全面控制施工过程、重点控制工序质量。其具体措施是：工序交接有检查；质量预控有对策；施工项目有方案；技术措施有交底，图纸会审有记录；配制材料有试验；隐蔽工程有验收；计量器具校正有复核；设计变更有手续；钢筋代换有制度；质量处理有复查；成品保护有措施；行使质控有否决；质量文件有档案（凡是与质量有关的技术文件，如水准、坐标位置，测量、放线记录，沉降、变形观测记录，图纸会审记录，材料合格证明、试验报告，施工记录，隐蔽工程记录，设计变更记录，调试、试压运行记录，试车运转记录，竣工图等都要编目建档）。

（三）事后控制

事后控制，是指对通过施工过程所完成的具有独立功能和使用价值的最终产品（单位工程或整个建设项目）及其有关方面（例如质量文档）的质量进行控制。其具体工作内容有：

（1）组织联动试车。

（2）准备竣工验收资料，组织自检和初步验收。

（3）按规定的质量评定标准和办法，对完成的分项、分部工程，单位工程进行质量评定。

（4）组织竣工验收，其标准是：

1）按设计文件规定的内容和合同规定的内容完成施工，质量达到国家质量标准，能满足生产和使用的要求；

2）生产工艺设备已安装配套，联动负荷试车合格，形成设计生产能力；

3）交工验收的建筑物要窗明、地净、水通、灯亮、气通、采暖通风设备运转正常；

4）交工验收的工程内净外洁，施工中的残余物料运离现场，灰坑填平，临时建（构）筑物拆除，2 m 以内地坪整洁；

5）技术档案资料齐全。

五、施工项目质量管理的程序

在进行建筑产品生产的全过程中，项目管理者都要对建筑产品施工生产进行全过程、全方位的监督、检查与管理，它与工程竣工验收不同，它不是对最终产品的检查、验收，而是对生产中各环节或中间产品进行监督、检查与验收。这种全过程、全方位的中间质量管理简要程序如图 2-4 所示。

第二节　施工质量控制的内容、方法和手段

一、人的因素的控制

人，是指直接参与工程建设的决策者、组织者、指挥者和操作者。人，作为控制的对象，要避免产生失误；作为控制的动力，要充分调动人的积极性，发挥“人的因素第一”的主导作用。

为了避免人的失误，调动人的主观能动性，增强人的责任感和质量观，达到以工作质量保工序质量、促工程质量的目的，除了加强政治思想教育、劳动纪律教育、职业道德教育、专业技术知识培训、健全岗位责任制、改善劳动条件、公平合理的激励外；还需根据工程项目的特点，从确保质量出发，本着适才适用、扬长避短的原则来控制人的使用。人的因素控制主要体现在以下几个方面：

（一）领导者的素质

领导者的素质好，必然决策能力强，组织机构健全，管理制度完善，经营作风正派，技术措施得力，社会信誉高，实践经验丰富，善于协作配合。这样，就有利于合同的执行，有利于确保项目目标的控制。事实证明，领导层的整体素质，是提高工作质量和工程质量的关键。

（二）人的理论、技术水平

人的理论、技术水平直接影响工程质量水平，尤其是对技术复杂、难度大、精度高、工艺新的建筑结构设计或建筑安装的工序操作，例如，功能独特、造型新颖的建筑设计，特种结构，空间结构的理论计算，危害性大、原因复杂的工程质量事故分析的处理等均应选择既有丰富理论知识，又有丰富实践经验的建筑师、结构工程师和有关的工程技术人员承担。必要时，还应对他们的技术水平予以考核，进行资质认证。

（三）人的违纪违章

人的违纪违章，指人粗心大意，漫不经心，注意力不集中，不懂装懂，不知而又不虚心，不履行安全措施，安全检查不认真，随意乱扔东西，任意使用规定外的机械装置，不按规定使用防护用品，碰运气、图省事、玩忽职守、有意违章等，以上行为都必须严加教

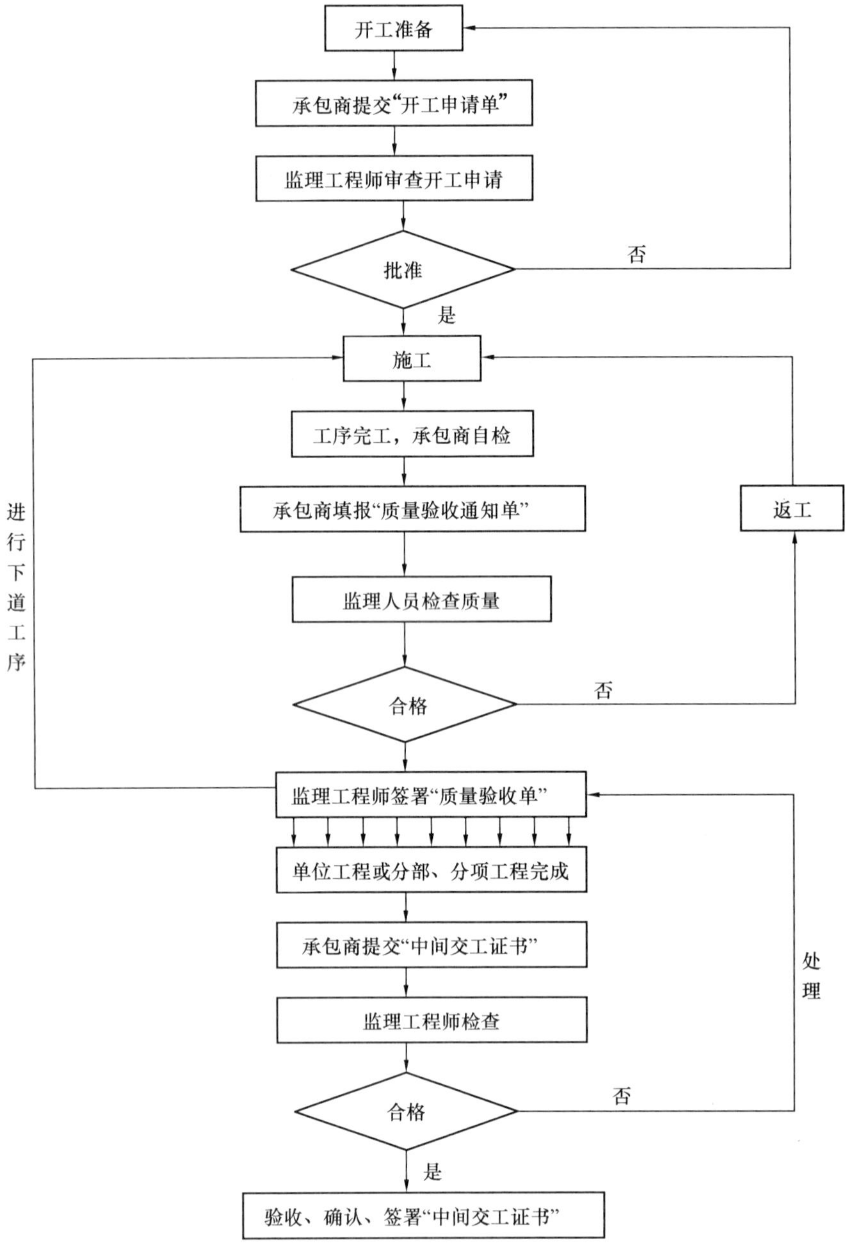

图 2-4　施工质量管理程序

育，及时制止。

（四）施工企业管理人员和操作人员控制

建筑施工队伍的管理者和操作者，是建筑工程的主体，是工程产品形成的直接创造者，人员素质高低及质量意识的强弱都直接影响到工程产品的优劣。应认真抓好操作者的素质教育，不断提高操作者的生产技能，严格控制操作者的技术资质、资格与准入条件，是施工项目质量管理控制的关键途径。

（1）持证上岗

1）项目经理实行持证上岗制度：从事工程项目施工管理的项目经理，必须取得《全国建筑施工企业项目经理培训合格证》和《建筑施工企业项目经理资质证书》（一、二、三级资质）。

项目经理是岗位职务，在承担工程建设时，必须具有国家授予的项目经理资质，其承担工程规格应符合项目经理资质等级许可的范围。

按照国家相关规定的要求，以及同国际操作方式的接轨需求，从2008年开始，项目经理必须由取得建造师执业资格证书（分为一级建造师和二级建造师）的同志担任。

2）项目技术负责人的资格应与所承包的工程项目的结构特征、规模大小和技术要求相适应。

多层房屋建筑或建筑面积在1万 m^2 以内的一般工程项目，应由具有建筑类中专学历及以上的助理工程师，且有三年以上施工经验的人员担任。

高层建筑或建筑面积在5万 m^2 以内的一般工程项目和住宅小区工程，应由具有建筑类工程师以上或相当于工程师技术职称的人员担任。

大型和技术复杂的工程或建筑面积在5万 m^2 以上的工程项目和住宅小区工程，应由具有建筑类高级工程师或相当于高级工程师的人员担任。

3）专业工长和专业管理人员（八大员）必须经培训、考核合格，具有岗位证书的人员担任。

4）特殊专业工种（焊工、电工、防水工等）的操作人员应经专业培训具有资格证书，其他工种的操作工人应取得高、中、初级工的技能证书。

（2）素质教育

1）学习有关建设工程质量的法律、法规、规章，提高法律观念质量意识，树立良好的职业道德。

2）学习国家标准、规范、规程等技术法规，提高业务素质，加强技术标准、管理标准和企业标准化建设。

3）组织工人学习工艺、操作规程，提高操作技能，开展治理质量通病活动，消除影响结构安全和使用功能的质量通病。

4）全面开展“五严活动”：严禁偷工减料，严禁粗制滥造，严禁假冒伪劣、以次充好，严禁盲目指挥、玩忽职守，严禁私招乱揽、层层转包、违法分包。

二、材料的质量控制

材料（含构配件）是工程施工的物质条件，没有材料就无法施工。材料的质量是工程质量的基础，材料质量不符合要求，工程质量也就不可能符合标准。所以，加强材料的质量控制，是提高工程质量的重要保证，也是创造正常施工条件的前提。

（一）材料质量控制的要点

（1）掌握材料信息，优选供货厂家

掌握材料质量、价格、供货能力的信息，选择好供货厂家，就可获得质量好、价格低的材料资源，从而确保工程质量，降低工程造价。这是企业获得良好社会效益、经济效益，提高市场竞争力的重要因素。

材料订货时，要求厂方提供质量保证文件，用于表明提供的货物完全符合质量要求。

质量保证文件的内容主要包括：供货总说明，产品合格证及技术说明书，质量检验证明，检测与试验者的资质证明，不合格品或质量问题处理的说明及证明，有关图纸及技术资料等。

对于材料、设备、构配件的订货、采购，其质量要满足有关标准和设计的要求；交货期应满足施工及安装进度计划的要求。对于大型的或重要设备，以及大宗材料的采购，应当实行招标采购的方式；对某些材料，如瓷砖等装饰材料，订货时最好一次订齐和备足货源，以免由于分批订货而出现颜色差异、质量不一。

（2）合理组织材料供应，确保施工正常进行

合理、科学地组织材料的采购、加工、储备、运输，建立严密的计划、调度体系，加快材料的周转，减少材料的占用量，按质、按量、如期地满足建设需要，乃是提高供应效益、确保正常施工的关键环节。

（3）合理地组织材料使用，减少材料的损失

正确按定额计量使用材料，加强运输、仓库、保管工作，加强材料限额管理和发放工作，健全现场材料管理制度，避免材料损失、变质，乃是确保材料质量、节约材料的重要措施。

（4）加强材料检查验收，严把材料质量关

1）对用于工程的主要材料，进场时必须具备正式的出厂合格证和材质化验单。如不具备或对检验证明有怀疑时，应补做检验。

2）工程中所有各种构件，必须具有厂家批号和出厂合格证。钢筋混凝土和预应力钢筋混凝土构件，均应按规定的方法进行抽样检验。由于运输、安装等原因出现的构件质量问题，应分析研究，经处理鉴定后方能使用。

3）凡标识不清或认为质量有问题的材料，对质量保证资料有怀疑或与合同规定不符的一般材料，由于工程重要程度决定，应进行一定比例试验的材料，需要进行追踪检验，以控制和保证其质量的材料，均应进行抽检。对于进口的材料设备和重要工程或关键施工部位所用的材料，则应进行全部检验。

4）材料质量抽样和检验的方法，应符合检测的要求和标准，要能反映该批材料的质量性能。对于重要构件或非匀质的材料，还应酌情增加采样的数量。

5）在现场配制的材料，如混凝土、砂浆等的配合比，应先提出试配要求，经试配检验合格后才能使用。

6）对进口材料、设备应会同商检局检验，如核对凭证中发现问题，应取得供方和商检人员签署的商务记录，按期提出索赔。

（5）要重视材料的使用认证，以防错用或使用不合格的材料

1）对主要装饰材料及建筑配件，应在订货前要求厂家提供样品或看样订货。主要设备订货时，要审核设备清单，是否符合设计要求。

2）对材料性能、质量标准、适用范围和施工要求必须充分了解，以便慎重选择和使用材料。

3）凡是用于重要结构、部位的材料，使用时必须仔细核对、认证其材料的品种、规格、型号、性能有无错误，是否适合工程特点和满足设计要求。

4）新材料应用，必须通过试验和鉴定。代用材料必须通过计算和充分的论证，并要

符合结构构造的要求。

5）材料认证不合格时，不许用于工程中。有些不合格的材料，如过期、受潮的水泥是否降级使用，亦须结合工程的特点予以论证，但绝不允许用于重要的工程或部位。

（6）现场材料应按以下要求管理

1）入库材料要分型号、品种，分区堆放，予以标识，分别编号；

2）对易燃易爆的物资，要专门存放，有专人负责，并有严格的消防保护措施；

3）对有防湿、防潮要求的材料，要有防湿、防潮措施，并要有标识；

4）对有保质期的材料要定期检查，防止过期，并做好标识；

5）对易损坏的材料、设备，要保护好外包装，防止损坏。

（二）建筑材料质量控制的原则

（1）材料质量控制的基本要求

虽然工程中使用的建筑材料种类很多，其质量要求也各不相同，但是从总体上说，建筑材料可以分为直接使用的进场材料和现场进行二次加工后使用的材料两大类。前者如砖或砌块，后者如混凝土和砌筑砂浆等。对这两类进场材料质量控制的基本要求都应当掌握。

1）材料进场时其质量必须符合规定；

2）各种材料进场后应妥善保管，避免质量发生变化；

3）材料在施工现场的二次加工必须符合有关规定。如混凝土和砂浆配合比、拌制工艺等必须符合有关规范标准和设计的要求；

4）了解主要建筑材料常见的质量问题及处理方法。

（2）进场材料质量的验收

1）对材料外观、尺寸、性状、数量等进行检查：对材料外观等进行检查，是任何材料进场验收必不可少的重要环节。

2）检查材料的质量证明文件。

3）检查材料性能是否符合设计要求：材料质量不仅应该达到规范规定的合格标准，当设计有要求时，还必须符合设计要求。因此，材料进场时，还应对照设计要求进行检查验收。

4）为了确保工程质量，对涉及地基基础与主体结构安全或影响主要建筑功能的材料，还应当按照有关规范或行政管理规定进行抽样复试，以检验其实际质量与所提供的质量证明文件是否相符。

（3）见证取样和送检

近年来，随着工程质量管理的深化，对工程材料试验的公正性、可靠性提出了更高的要求。从1995年开始，我国北京、上海等城市，开始实行见证取样送检制度。具体做法是：对部分重要材料试验的取样、送检过程，由监理工程师或建设单位的代表到场见证，确认取样符合有关规定后，予以签字，同时将试样封存，直至送达试验单位。

为了更好地控制工程及材料质量，质量控制参与者应当熟悉见证取样的有关规定，要求监督建设、监理单位、施工单位认真实施。应当将见证取样送检的试验结果与其他试验结果进行对比，互相印证，以确认所试项目的结论是否正确、真实。如果应当进行见证取样送检的项目，由于种种原因未做时，应当采取补救措施。例如，当条件许可时，应该补做见证取样送检试验，当不具备补做条件时，对相应部位应该进行检测等。

见证取样送检制度提高了取样与送检环节的公正性，但对试验环节，没有涉及，通常由各地根据自己的情况对试验环节加以管理。

(4) 新材料的使用

新材料通常指新研制成功或新生产出来还未曾在工程上使用过的材料。建筑工程使用新材料时，由于缺乏相对成熟的使用经验，对新材料的某些性能不熟悉，因此必须贯彻“严格”、“稳妥”的原则。我国许多地区和城市，对建筑工程使用新型材料，都有明确和严格的规定。通常，新材料的使用应该满足以下三项要求：

1) 新材料必须是生产或研制单位的正式产品，有产品质量标准，产品质量应达到合格等级。任何新材料，生产研制单位除了应有开发研制的各种技术资料外，还必须具有产品标准。如果没有国家标准、行业标准或地方标准，则应该制定企业标准，企业标准应按规定履行备案手续。材料的质量，应该达到合格等级。没有质量标准的材料，或不能证明质量达到合格的材料，不允许在建筑工程上使用。

2) 新材料必须通过试验和鉴定，新材料的各项性能指标，应通过试验确定。试验单位应具备相应的资质。为了确保新材料的可靠性与耐久性，在新材料用于工程前，应通过一定级别的技术论证与鉴定。对涉及地基基础、主体结构安全及环境保护、防火性能以及影响重要建筑功能的材料，应经过有关管理部门批准。

3) 使用新材料，应经过设计单位和建设单位的认可，并办理书面认可手续。

(三) 材料质量控制的内容

材料质量控制的内容主要有：材料的质量标准，材料的性能，材料取样、试验方法，材料的适用范围和施工要求等。

(1) 材料质量标准

材料质量标准是用于衡量材料质量的尺度，也是作为验收、检验材料质量的依据。不同的材料有不同的质量标准，如水泥的质量标准有细度、标准稠度用水量、凝结时间、强度、体积安定性等。掌握材料的质量标准，就便于可靠地控制材料和工程的质量。如水泥颗粒越细，水化作用就越充分，强度就越高。初凝时间过短，不能满足施工有足够的操作时间；初凝时间过长，又影响施工进度；安定性不良，会引起水泥石开裂，造成质量事故；强度达不到等级要求，直接危害结构的安全。为此，对水泥的质量控制，就是要检验水泥是否符合质量标准。

(2) 材料质量检（试）验

1) 材料质量检验目的：材料质量检验的目的，是通过一系列的检测手段，将所取得的材料数据与材料的质量标准相比较，借以判断材料质量的可靠性，能否使用于工程中，同时，还有利于掌握材料信息。

2) 材料质量的检验方法：材料质量检验方法有书面检验、外观检验、理化检验和无损检验四种。

①书面检验，是通过对提供的材料质量保证资料、试验报告等进行审核，取得认可方能使用。

②外观检验，是对材料从品种、规格、标识、外形尺寸等进行直观检查，看其有无质量问题。

③理化检验，是借助实验设备和仪器对材料样品的化学成分、机械性能等进行科学的鉴定。

④无损检验，是在不破坏材料样品的前提下，利用超声波、X射线、表面探伤仪等进行检测。

3）材料质量检验程度：根据材料信息和保证资料的具体情况，其质量检验程度分免检、抽检和全检三种。

①免检，就是免去质量检验过程。对有足够质量保证的一般材料，以及实践证明质量长期稳定且质量保证、资料齐全的材料，可予以免检。

②抽检，就是按随机抽样的方法对材料进行抽样检验。当对材料的性能不清楚，或对质量保证资料有怀疑，或对成批生产的构配件，均应按一定比例进行抽样检验。

③全检，凡对进口的材料、设备和重要工程部位的材料，以及贵重的材料，应进行全部检验，以确保材料和工程质量。

4）材料质量检验项目：材料质量的检验项目分"一般试验项目"，为通常进行的试验项目；"其他试验项目"，为根据需要进行的试验项目。具体内容参阅材料检验项目的相关规定。

5）材料质量检验的取样：材料质量检验的取样必须有代表性，即所采取的样品质量应能代表该批材料的质量。

具体方法和数量见有关见证取样规定的相关资料。

（3）材料的选择和使用要求

材料的选择和使用不当，均会严重影响工程质量或造成质量事故。为此，必须针对工程特点，根据材料的性能、质量标准、适用范围和对施工要求等方面进行综合考虑，慎重选择和使用材料。

不同品种、强度等级的水泥，由于水化热不同，不能混合使用。硅酸盐水泥、普通水泥因水化热大，适宜于冬期施工，而不适宜于大体积混凝土工程。

【案例2-1】

1. 背景

某网球馆工程采用筏形基础，按流水施工方案组织施工，在第一段施工过程中，材料已送检，为了在雨期来临之前完成基础工程施工，施工单位负责人未经监理许可，在材料送检时，擅自施工，待筏基浇筑完毕后，发现水泥实验报告中某些检验项目质量不合格，如果返工重做，工期将拖延15 d，经济损失达1.32万元。

2. 问题

（1）施工单位未经监理单位许可即进行混凝土浇筑，该做法是否正确？如果不正确，施工单位应如何做？

（2）为了保证该网球馆工程质量达到设计和规范的要求，施工单位对进场材料应如何进行质量控制？

（3）简述材料质量控制的要点。

（4）材料质量控制的内容有哪些？

3. 分析与答案

（1）施工单位未经监理许可即进行筏基混凝土浇筑的做法是错误的。

正确做法：施工单位运进水泥前，应向项目监理机构提交《工程材料报审表》，同时附有水泥出厂合格证、技术说明书、按规定要求进行送检的检验报告，经监理工程师审查并确认其质量合格后，方准进场。

（2）材料质量控制方法主要是严格检查验收，正确合理地使用，建立管理台账，进行收、发、储、运等环节的技术管理，避免混料和将不合格的原材料使用到工程上。

（3）进场材料质量控制要点

1）掌握材料信息，优选供货厂家；

2）合理组织材料供应，确保施工正常进行；

3）合理组织材料使用，减少材料损失；

4）加强材料检查验收，严把材料质量关；

5）要重视材料的使用认证，以防错用或使用不合格的材料；

6）加强现场材料管理。

（4）主要有材料的质量标准，材料的性能，材料取样、试验方法，材料的适用范围和施工要求等。

三、机械设备控制

（一）施工现场机械设备控制任务与内容

建筑企业机械设备管理是对企业的机械设备从选购（或自制）机械设备开始，到投入施工、磨损、补偿，直到报废为止的全过程的管理。而现场施工机械设备管理主要是正确选择（或租赁）和使用机械设备，及时搞好施工机械设备的维护和保养，按计划检查和维修，建立现场施工机械设备使用管理制度等。其主要任务是采取技术、经济、组织措施对机械设备合理使用，用养结合，提高施工机械设备的使用效率，尽可能降低工程项目的机械使用成本，提高工程项目的经济效益。

现场施工机械设备管理的内容主要有以下几个方面：

（1）机械设备的选择与配套

任何一个工程项目施工机械设备的合理装备，必须依据施工组织设计。首先，对机械设备的技术经济进行分析，选择既满足生产，又技术先进且经济合理的机械设备。结合施工组织设计，分析自测、购买和租赁的分界点，进行合理装备。其次，现场施工机械设备的装备必须配套，使设备在性能、能力等方面相互配套。如果设备数量多，但相互之间不配套，不仅机械性能不能充分发挥，而且会造成经济上的浪费。现场施工机械设备的配套必须考虑主机与辅机的配套关系；在综合机械化组列中，前后工序机械设备间的配套关系；大、中、小型工程机械及动力工具的多层次结构的合理比例关系。

（2）现场机械设备的合理使用

现场机械设备管理要处理好“养”、“管”、“用”三者之间的关系，遵照机械设备使用的技术规律和经济规律，合理、有效地利用机械设备，使之发挥较高的使用效率。为此，操作人员使用机械时必须严格遵守操作规程，反对“拼设备”、“吃设备”等野蛮操作。

（3）现场机械设备的保养和修理

为了提高机械设备的完好率，使机械设备经常处于良好的技术状态，必须做好机械设备的维修保养工作。同时，定期检查和校验机械设备的运转情况和工作精度，发现隐患及时采取措施。根据机械设备的性能、结构和使用状况，制订合理的修理计划，以便及时恢复现场机械设备的工作能力，预防事故的发生。

（二）施工机械设备使用控制

（1）合理配备各种机械设备

由于工程特点及生产组织形式各不相同，因此，在配备现场施工机械设备时必须根据工程特点，经济合理地为工程配好机械设备。同时，又必须根据各种机械设备的性能和特点，合理地安排施工生产任务，避免“大机小用”、“精机粗用”，以及超负荷运转等现象。而且还应随工程任务的变化及时调整机械设备，使各种机械设备的性能与生产任务相适应。

现场施工单位在确定施工方案和编制施工组织设计时，应充分考虑现场施工机械设备管理方面的要求，统筹安排施工顺序和平面布置图，为机械施工创造必要的条件。如水、电、动力供应，照明的安装、障碍物的拆除，以及机械设备的运行路线和作业场地等。现场负责人要善于协调施工生产和机械使用管理间的矛盾，既要支持机械操作人员的正确意见，又要向机械操作人员进行技术交底和提出施工要求。

（2）实行人机固定的操作证制度

为了使施工机械设备在最佳状态下运行，应合理配备足够数量的操作人员，并实行机械使用、保养责任制。现场的各种机械设备应定机定组交给一个机组或个人，使之对机械设备的使用和保养负责。操作人员必须经过培训和统一考试，取得操作证后，方可独立操作。无证人员上机操作应按严重违章操作处理。坚决杜绝为赶进度而任意指派机械操作人员的事件发生。

（3）建立健全现场施工机械设备使用的责任制和其他规章制度

1）人员岗位责任制：操作人员在开机前、使用中、停机后，都必须按规定的项目要求，对机械设备进行检查和例行保养，做好清洁、润滑、调整、紧固、防腐工作。经常保持机械设备的良好状态，提高机械设备的使用效率，取得良好的经济效益。

2）遵守磨合期使用的有关规定：由于新机械设备或经大修后的机械设备在磨合期间，零件表面尚不够光洁，因而期间的间隙及啮合尚未达到良好的配合。所以，机械设备在使用初期一定的时间内，对操作提了一些特殊规定和要求，即磨合期使用规定。

凡是新购、大修以及经过返修的机械设备，在正式使用初期，都必须按规定进行磨合。其目的是使机械零件磨合良好，增强零件的耐用性，提高机械运行的可靠性和经济性。在磨合期内，加强机械设备的检查和保养，应经常注意运转情况，仪表指示，检查各总分轴承、齿轮的工作温度和连接部分的松紧，及时润滑、紧固和调整，发现不正常现象及时采取措施。

（4）创造良好的环境和工作条件

1）创造适宜的工作场地：水、电、动力供应充足和整洁、宽敞、明亮的工作环境，特别是夜晚施工时，要保证施工现场的照明。

2）配备必要的保护、安全、防潮装置，有些机械设备还必须配备降温、保暖、通风等装置。

3）配备必要的测量、控制和保险用的仪表和仪器等装置。

4）建立现场施工机械设备的润滑管理系统，即实行“五定”的润滑管理——定人、定质、定点、定量、定期的润滑制度。

5）开展施工现场范围内的完好设备竞赛活动：完好设备是指零部件和各种装置完整齐全、油路畅通、润滑正常、内外清洁、性能和运转状况均符合标准的设备。

6）对于在冬季施工中使用的机械设备，要及时采取相应的技术措施，以保证机械正常运转。如准备好机械设备的预热保温设备；在投入冬季使用前，对机械设备进行一次季节性保养，检查全部技术状态，换用冬季润滑油等。

（5）现场施工机械设备使用建立“三定”制度

1）“三定”制度的意义：“三定”制度，即定人、定机、定岗位责任，是人机固定原则的具体表现，是保证现场施工机械设备得到最合理使用和精心维护的关键。“三定”制度是把现场施工机械设备的使用、保养、保管的责任落实到个人。

2）施工现场落实“三定”制度形式：施工现场“三定”制度的形式可多种多样，根据不同情况而定，但是必须把本工地所属的全部机械设备的使用、保管、保养的责任落实到人。做到人人有岗位，事事有专责，台台机械有人管，具体可利用以下几种形式：

①多人操作式多班作业的机械设备，在指定操作人员的基础上，任命一人为机长，实行机长负责制；

②一人一机或一人多机作业的机械，实行专机专责制；

③掌握有中、小型机械设备的班组，在机械设备和操作人员不能固定的情况下，应任命机组长对所管机械设备负责；

④施工现场向企业租赁或调用机械设备时，对大型机械原则上做到机调人随，重型或关键机械必须人随机走。

四、施工方法的控制

施工方法控制，是指施工项目为达到合同条件的要求，在项目施工阶段内所采取的技术方案、工艺流程、组织措施、检测手段、施工组织设计等的控制。

施工项目的施工方案正确与否，是直接影响施工项目的进度控制、质量控制、投资控制三大目标能否顺利实现的关键。往往由于施工方案考虑不周而拖延进度，影响质量，增加投资。为此，在制订和审核施工方案时，必须结合工程实际从技术、组织、管理、工艺、操作、经济等方面进行全面分析、综合考虑，力求方案技术可行、经济合理、工艺先进、措施得力、操作方便，有利于提高质量、加快进度、降低成本。

施工方案的确定一般包括：确定施工流向、确定施工顺序、划分施工段、选择施工方法和施工机械。

（1）确定施工流向

确定施工流向是解决施工项目在平面、空间上的施工顺序，确定时应考虑以下因素：

1）按生产工艺要求，须先期投入生产或起主导作用的工程项目先施工。

2）技术复杂、施工进度较慢、工期较长的工段和部位先施工。

3）满足选用的施工方法、施工机械和施工技术的要求。

4）符合工程质量与安全的要求。

5）确定的施工流向不得与材料、构件的运输方向发生冲突。

（2）确定施工顺序

施工顺序是指单位工程施工项目中，各分项、分部工程之间进行施工的先后次序，主要解决各工序在时间上的搭接关系，以充分利用空间、争取时间、缩短工期。单位工程项目施工应遵循先地下、后地上，先土建、后安装，先高空、后地面，先安装设备、后管道、电气安装的顺序。

（3）划分施工段

施工段的划分，必须满足施工顺序、施工方法和流水施工条件的要求，为使施工段划分合理，应遵循以下原则：

1）各施工段上的工程量应大致相等，相差幅度不超过10%～15%，确保施工连续、均衡地进行。

2）划分施工段界线应与施工项目的结构界线（变形缝、单元分界、施工缝位置）相一致，以确保施工质量和不违反操作的顺序要求为前提。

3）施工段应有足够的工作面，以利于达到较高的劳动效果。

4）施工段的数量要满足连续流水施工组织的要求，最好 $m \geqslant n$。

（4）选择施工方法和施工机械

施工方法和施工机械的选择是紧密联系的，施工机械的选择是施工方法选择的中心环节，不同的施工方法所用的施工机械不同，在选择施工方法和施工机械时，要充分研究施工项目的特征、各种施工机械的性能、供应的可能性和企业的技术水平、建设工期的要求和经济效益等，一般遵循以下要求：

1）施工方法的技术先进性和经济合理性统一；

2）施工机械的适用性与多用性兼顾；

3）辅助机械应与主导机械的生产能力协调一致；

4）机械的种类和型号在一个施工项目上应尽可能少；

5）尽量利用现有机械。

在确定施工方法和主导机械后，应考虑施工机械的综合使用和工作范围，工作内容得到充分利用，并制定保证工程质量与施工安全的技术措施。

（5）施工方案的技术经济分析

施工项目中的任何一个分项、分部工程，应列出几个可行的施工方案，通过技术经济分析在其中选出一个工期短、质优、省料、劳动力和机械安排合理、成本低的最优方案。

施工方案的技术经济分析有定性分析和定量分析两种方法。

定性分析，是结合施工经验，对几个方案的优缺点进行分析和比较，得出以下指标来评价确定。

1）施工操作上的难易程度和安全可靠性；

2）能否为后续工作创造有利的施工条件；

3）选择的施工机械设备是否可能取得；

4）能否为现场文明施工创造有利条件；

5）对周围其他工程施工影响的程度大小。

定量分析，是通过计算各方案的几个主要技术经济指标进行综合分析，从中选择技术经济指标最优的方案，主要指标有：

1）工期指标：当要求工程尽快完成时，选择施工方案就要在确保工程质量、安全和成本较低的条件下，优先考虑缩短工期的方案。

2）劳动消耗量指标：它反映施工机械化程度和劳动生产率水平，在方案中劳动消耗量越小，说明机械化程度和劳动生产率越高。

3）主要材料消耗量指标：反映各施工方案的主要材料节约情况。

4）成本指标：反映施工方案成本高低。

5）投资额指标：当拟订的施工方案需要增加新的投资时，以投资额低的方案为好。

五、施工阶段环境因素控制

施工环境，主要是指施工现场的自然环境、劳动作业环境及管理环境。由于建设工程是在事先选定的建设地区和场址进行建造，因此，施工期间将会受到所在区域气候条件和建设场地的水文地质情况的影响；受到施工场地和周边建筑物、构筑物、交通道路以及地下管道、电缆或其他埋设物和障碍物的影响。在施工开始前制订施工方案时，必须对施工现场环境条件进行充分的调查分析，必要时还需做补充地质勘察，取得准确的资料和数据，以便正确地按照气象及水文地质条件合理安排冬季及雨季的施工项目，规范防洪排涝、抗寒防冻、防暑降温等方面的有关技术组织措施，制定防止邻近建筑物、构筑物及道路和地下管道线路等沉降或位移的保护措施。

对环境因素的控制，与施工方案和技术措施紧密相关。如在寒冬、雨季、风季、炎热季节施工时，应针对工程的特点，尤其是对混凝土工程、土方工程、深基础工程、水下工程及高空作业等，必须拟定季节性施工保证质量和安全的有效措施，以免工程质量受到冻害、干裂、冲刷、坍塌的危害。同时，要不断改善施工现场的环境和作业环境；要加强对自然环境和文物的保护，要尽可能地减少施工对环境的污染；要健全施工现场管理制度，合理地布置，使施工现场秩序化、标准化、规范化，实现文明施工。

（一）施工现场劳动作业环境的控制

施工现场劳动作业环境，大至整个建设施工期间的使用规范安排，要科学合理地做好总平面布置图的设计，使整个建设工地的施工临时道路、给、排水及供热供气管道、供电通讯线路、施工机械设备和装置、建筑材料制品的堆场和仓库、现场办公及生活或休息设施等的布置都要有条不紊、安全、畅通、整洁、文明。小至每一施工作业场所的材料器具堆放状况，通风照明及有害气体、粉尘的防备措施条例的落实等。作业环境是否良好，直接影响施工能否顺利进行以及施工质量。例如，交通运输道路不畅，干扰、延误多，可能造成运输时间加长，运送的混凝土拌合物可能会变化（凝结时间、坍落度等）。此外，当一个施工现场同时有多个承包单位或多个工种施工或平行立体交叉作业时，更应注意避免它们在空间的相互干扰，保证施工质量与安全。

（二）施工管理环境的控制

管理环境控制，主要是根据合同内容，理顺各参建施工单位之间的管理关系，建立现场施工组织系统和质量管理的综合运行机制。确保施工程序的安排以及施工质量形成过程能够起到相互促进、相互制约、协调运转的作用。使质量管理体系和质量控制自检体系处于良好的状态，系统的组织机构、管理制度、检测制度、检测标准、人员配备等方面完善明确，质量责任制得到落实。此外，在管理环境的建设方面，还应注意与现场邻近的单位、居民及有关方面的协调、沟通，做好公共关系，以使他们对施工造成的干扰和不便给予必要谅解和支持配合。

（三）施工现场自然环境的控制

自然环境的控制，主要是掌握施工现场水文、地质和气象资料等信息，以便在制订施工方案、施工计划和措施时，能够从自然环境的特点和规律出发，事先须做好充分的准备和采取有效措施与对策，防止可能出现的对施工作业不利的影响。如建立地基和基础施工对策，防止地下水、地面水对施工的影响，保证周围建筑物及地下管线的安全；从实际条件出发，做好冬季、雨季施工项目的安排和防范措施；加强环境保护和建设公害的治理等。

六、工序质量控制

（一）工序及工序质量

施工工序是产品（工程）构配件或零部件生产（施工）过程的基本环节，是构成生产的基本单位，也是质量检验的基本环节。从工序的组合和影响工序因素看，工序就是人、机、料、法和环境对产品（工程）质量起综合作用的过程。工序的划分主要是取决于生产技术的客观要求，同时也取决于劳动分工和提高劳动生产率的要求。

工序质量是工序过程的质量。在生产（施工）过程中，由于各种因素的影响而造成产品（工程）产生质量波动，工序质量就是发现、分析和控制工序中的质量波动，使影响每道工序质量的制约因素都能控制在一定范围内，确保每道工序的质量，不使上道工序的不合格品转入下道工序。工序质量决定了最终产品（工程）的质量，因此，对于施工企业来说，搞好工序质量是保证单位工程质量的基础。

工序管理的目的是使影响产品（工程）质量的各种因素能始终处于受控状态的一种管理方法。因此，工序管理实质上就是对工序质量的控制，一般采用建立质量控制点（管理点）的方法来加强工序管理。

工程项目施工质量控制就是对施工质量形成的全过程进行监督、检查、检验和验收的总称。施工质量由工作质量、工序质量和产品质量三者构成。工作质量是指参与项目实施全过程人员，保证施工质量所表现的工作水平和完善程度，例如管理工作质量、技术工作质量、思想工作质量等。产品质量是指建筑产品必须具有满足设计规范所要求的安全可靠性、经济性、适用性、环境协调性、美观性等。工序质量包括工序作业条件和作业效果质量。工程项目的施工过程是由一系列相互关联、相互制约的工序构成，工序质量是基础，直接影响工程项目的产品质量，因此，必须先控制工序质量，从而保证整体质量。

（二）工序质量控制的程序

工序质量控制就是通过工序质量检验，来统计、分析和判断整道工序质量，从而实现工序质量控制。工序质量的程序是：

（1）选择和确定工序质量控制点。

（2）确定每道工序控制点的质量目标。

（3）按规定检测方法对工序质量控制点现状进行跟踪检测。

（4）将工序质量控制点的质量现状和质量目标进行比较，找出二者差距及产生原因。

（5）采取相应的技术、组织和管理措施，消除质量差距。

（三）工序质量控制的要点

（1）必须主动控制工序作业条件，变事后检查为事前控制。对影响工序质量的各种因素，如材料、施工工艺、环境、操作者和施工机械等，要预先进行分析，找出主要影响因素，并加以严格控制，从而防止工序质量出现问题。

（2）必须动态控制工序质量，变事后检查为事中控制。及时检验工序质量，利用数理统计方法分析工序质量状态，并使其处于稳定状态。如果工序质量处于异常状态，则应停止施工。在经过原因分析采取措施，消除异常状态后，方可继续施工。

（3）建立工序质量控制卡制度，应当合理设置工序质量控制点，并做好工序质量预控工作：

1）确定工序质量标准，并规定其抽样方法、测量方法、一般质量要求和上下波动幅度；

2）确定工序技术标准和工艺标准，具体规定每道工序的操作要求，并进行跟踪检验。

七、质量控制点设置

（一）质量控制点的概念

质量控制点是为保证工序处于受控状态，在一定的时间和一定的条件下，在产品制造过程中需重点控制的质量特性、关键部件或薄弱环节。质量控制点也称为“质量管理点”。

质量控制点是根据对重要的质量特性需要进行重点质量控制的要求而逐步形成的。任何一个施工过程或活动总是有许多项的特性要求，这些质量特性的重要程度对工程使用的影响程度不完全相同。质量控制点就是在质量管理中运用“关键的少数、次要的多数”这一基本原理的具体体现。

质量控制点一般可分为长期型和短期型两种。对于设计、工艺方面要求的关键、重要项目，是必须长期重点控制的，而对工序质量不稳定、不合格品多的或用户反馈的项目或因为材料供应、生产安排等在某一时期内的特殊需要，则要设置短期适量控制点。当技术改进项目的实施、新材料的应用、控制措施的标准化等经过一段时间有效性验证后，可以相应撤销，转入一般的质量控制。

如果对产品（工程）的关键特性、关键部位和重要因素都设置了质量控制点，得到了有效控制，则这个产品（工程）的质量就有了保证。同时控制点还可以收集大量有用的信息，为质量改进提供依据。所以设置质量控制点，加强工序管理是企业建立质量体系的基础环节。

（二）质量控制点的设置原则

在什么地方设置质量控制点，需要通过对工程的质量特性要求和施工过程中的各道工序进行全面分析来确定。设置质量控制点一般应考虑以下原则：

（1）对产品（工程）的适用性（可靠性、安全性）有严格影响的关键质量特性、关键部位或重要影响因素，应设置质量控制点。

（2）对工艺有严格要求，对下道工序有严重影响的关键部位应设置质量控制点。

（3）对经常容易出现不良产品的工序，必须设立质量控制点。

（4）对会影响项目质量的某些工序的施工顺序，必须设立质量控制点。

（5）对会严重影响项目质量的材料质量和性能，必须设立质量控制点。

（6）对会影响下道工序质量的技术间歇时间，必须设立质量控制点。

（7）对某些与施工质量密切相关的技术参数，要设立质量控制点。

（8）对容易出现质量通病的部位，必须设立质量控制点。

（9）某些关键操作过程，必须设立质量控制点。

（10）对用户反馈的重要不良项目应设立质量控制点。

建筑产品（工程）在施工过程中应设置多少质量控制点，应根据产品（工程）的复杂程序，以及技术文件上标记的特性分类、缺陷分级的要求而定。表 2-1 为建筑工程质量控制点设置的一般位置示例。

表 2-1　质量控制点的设置位置表

分项工程	质量控制点
工程测量定位	标准轴线桩、水平桩、龙门板、定位轴线、标高
地基、基础（含设备基础）	基坑（槽）尺寸、标高、土质、地基承载力，基础垫层标高，基础位置、尺寸、标高，预留孔洞、预埋件的位置、规格、数量，基础标高、杯底弹线
砌　体	砌体轴线，皮数杆，砂浆配合比，预留孔洞、预埋件位置、数量、砌块排列
模　板	位置、尺寸、标高，预埋件位置，预留孔洞尺寸、位置，模板中度及稳定性，模板内部清理及润湿情况
钢筋混凝土	水泥品种、强度等级，砂石质量，混凝土配合比，外加剂比例，混凝土振捣，钢筋品种、规格、尺寸、搭接长度，钢筋焊接，预留孔洞及埋件规格、数量、尺寸、位置，预制构件吊装或出场（脱模）强度，吊装位置，标高、支承长度、焊缝长度
吊　装	吊装设备起重能力、吊具、索具、地锚
钢结构	翻样图、放大样
焊　接	焊接条件、焊接工艺
装　修	视具体情况而定

（三）质量控制点实施

根据质量控制点的设置原则，质量控制点的落实与实施一般有以下几个步骤：

（1）确定质量控制点，编制质量控制点明细表。

（2）绘制“工程质量控制程序图”及“工艺质量流程图”明确标出建立控制点的工序、质量特性、质量要求等。

（3）组织有关人员进行工序分析，绘制质量控制点设置表。

（4）组织有关部门对质量部门进行分析，并应明确质量目标、检查项目、达到标准及各质量保证相关部门的关系及保证措施等，并编制质量控制点内部要求。

（5）组织有关人员找出影响工序质量特性，主导因素，并绘制因果分析图和对策表。

（6）编制质量控制点工艺指导书。

（7）按质量评定标准进行验评。为保证质量，严格按照建筑工程质量验评标准进行验评。

八、施工项目质量控制方法和手段

（一）施工项目质量控制的方法

施工项目质量控制的方法，主要是审核有关技术文件、报告和直接进行现场质量检验或必要的试验等。

（1）审核有关技术文件、报告或报表

对技术文件、报告、报表的审核，是项目管理对工程质量进行全面控制的重要手段，其具体内容有：

1）审核有关技术资质证明文件；

2）审核开工报告，并经现场核实；

3）审核施工方案、施工组织设计和技术措施；

4）审核有关材料、半成品的质量检验报告；

5）审核反映工序质量动态的统计资料或控制图表；

6）审核设计变更、修改图纸和技术核定书；

7）审核有关质量问题的处理报告；

8）审核有关应用新工艺、新材料、新技术、新结构的技术鉴定书；

9）审核有关工序交接检查，分项、分部工程质量检查报告；

10）审核并签署现场有关技术签证、文件等。

（2）现场质量检验

1）现场质量检验的内容：

①开工前检查。目的是检查是否具备开工条件，开工后能否连续正常施工，能否保证工程质量。

②工序交接检查。对于重要的工序或对工程质量有重大影响的工序，实行“三检制”，即在自检、互检的基础上，还要组织专职人员进行工序交接检查。

③隐蔽工程检查。凡是隐蔽工程均应检查认证后方能掩盖。

④停工后复工前的检查。因处理质量问题或某种原因停工后需复工时，亦应经检查认可后方能复工。

⑤分项、分部工程完工后，应经检查认可，签署验收记录后，才允许进行下一工程项目施工。

⑥成品保护检查。检查成品有无保护措施，或保护措施是否可靠。

此外，还应经常深入现场，对施工操作质量进行巡视检查。必要时，还应进行跟班或追踪检查。

2）现场质量检查的方法：现场进行质量检查的方法有目测法、实测法和试验法三种。

①目测法。可归纳为看、摸、敲、照四个字。

②实测法。就是通过实测数据与施工规范及质量标准所规定的允许偏差对照，来判别质量是否合格。实测检查法的手段，也可归纳为靠、吊、量、套四个字。

③试验法。指必须通过试验手段，才能对质量进行判断的检查方法。

（3）质量控制统计方法

1）排列图法：又称主次因素分析图法。用来寻找影响工程质量主要因素的一种方法。

2）因果分析图法：又称树枝图或图刺图，是用来寻找某种质量问题的所有可能原因的有效方法。

3）直方图法：又称频数（或频率）分布直方图，是把从生产工序收集来的产品质量数据，按数量整理分成若干级，画出以组距为底边，以根数为高度的一系列矩形图。通过直方图可以从大量统计数据中找出质量分布规律，分析判断工序质量状态，进一步推算工序总体的合格率，并能鉴定工序能力。

4）控制图法：又称管理图，是用样本数据为分析判断工序（总体）是否处于稳定状态的有效工具。它的主要作用有二：一是分析生产过程是否稳定，为此，应随机地连续收集数据，绘制控制图，观察数据点子分布情况并评定工序状态；二是控制工序质量，为此，要定时抽样取得数据，将其描在图上，随时进行观察，以发现并及时消除生产过程中的失调现象，预防不合格产生。

5）散布图法：是用来分析两个质量特性之间是否存在相关关系。即根据影响质量特性因素的各对数据，用点子表示在直角坐标图上，以观察判断两个质量特性之间的关系。

6）分层法：又称分类法，是将收集的不同数据，按其性质、来源、影响因素等加在分类和分层进行研究的方法。它可以使杂乱的数据和错综复杂的因素系统化、条理化，从而找出主要原因，采取相应措施。

7）统计分析表法：是用来统计整理数据和分析质量问题的各种表格，一般根据调查项目，可设计出不同格式的统计分析表，对影响质量原因作粗略分析和判断。

（二）质量控制的手段

（1）日常性的检查

即在现场施工过程中，质量控制人员（专业工长、质检员、技术人员）对操作人员进行操作情况及结果的检查和抽查，及时发现质量问题或质量隐患，事故苗头，以便及时进行控制。

（2）测量和检测

利用测量仪器和检测设备对建筑物水平和竖向轴线、标高、几何尺寸、方位的控制，对建筑结构施工的有关砂浆或混凝土强度的检测，严格控制工程质量，发现偏差及时纠正。

（3）试验及见证取样

各种材料及施工试验应符合相应规范和标准的要求，诸如原材料的性能，混凝土搅拌的配合比和计量，坍落度的检查和成品强度等物理力学性能及打桩的承载能力等，均需通过试验的手段进行控制。

（4）实行质量否决制度

质量检查人员和技术人员对施工中存在的问题，有权以口头或书面方式要求施工操作人员停工或返工，纠正违章行为，责令不合格的产品返工。

（5）按规定的工作程序控制

预检、隐检应有专人负责并按规定检查，做出记录，第一次使用的配合比要进行开盘鉴定，混凝土浇筑应经申请和批准，完成的分项工程质量要进行实测实量的检验评定等。

（6）对使用安全与功能的项目实行竣工抽查检测。

【案例 2-2】

1. 背景

某建筑公司承接了该市洪湖娱乐城工程，该工程地处闹市区，紧邻城市主要干道，施工场地狭窄，主体地上 22 层，地下 3 层，建筑面积 47 800 m^2，基础开挖深度 11.5 m，低于地下水。为了达到“以预防为主”的目的，施工单位加强了施工工序的质量控制。

2. 问题

（1）该娱乐城项目工序质量控制的内容有哪些？

（2）针对该工程的工序质量检验包括哪些内容？

（3）如何确定该工程的质量控制点？

（4）试述施工工序质量控制的步骤。

（5）试针对该工程的模板工程编制质量预控措施。

3. 分析与答案

（1）质量控制的内容

1）严格遵守工艺规程；

2）主动控制工序条件的质量；

3）及时检查工序活动效果的质量；

4）设置工序质量控制点。

（2）检验内容

标准具体化、度量、比较、判定、处理、记录。

（3）质量控制点设置的原则

根据工程的重要程度，即质量特性值对整个工程质量的影响程度来确定。设置质量控制点时，首先要对施工的工程对象进行全面分析、比较，以明确质量控制点；而后进一步分析所设置的质量控制点在施工中可能出现的质量问题或造成质量隐患的原因，针对隐患的原因，提出相应对策予以预防。

（4）控制步骤

实测、分析、判断。

（5）质量预控措施

1）绘制关键性轴线控制图，每层复查轴线标高一次，垂直度以经纬仪检查控制；

2）绘制预留、预埋图，在自检基础上进行抽查，看预留、预埋是否符合要求；

3）回填土分层夯实，支撑下面应根据荷载大小进行地基验算、加设垫块；

4）重要模板要经过设计计算，保证有足够的强度和刚度；

5）模板尺寸偏差按规范要求检查验收。

复 习 思 考 题

1. 试述建筑工程施工质量控制的目标。

2. 简述施工项目管理阶段的划分及其主要内容。

3. 简述如何进行人的因素控制。

4. 简述如何进行材料质量控制。

5. 简述如何进行机械设备控制。

6. 简述如何进行施工方法控制。

7. 简述如何进行施工阶段环境因素控制。

8. 试述工序质量控制的程序及要点。

9. 质量控制点设置的原则是什么？

10. 简述施工项目质量控制的方法和手段。

第三章　建筑工程施工质量验收

第一节　概　　述

建筑工程施工质量验收是工程建设质量控制的一个重要环节，它包括工程施工质量的中间验收和工程竣工验收两个方面。通过对工程建设中间产出品和最终产品的质量验收，从过程控制和终端把关两个方面进行工程项目的质量控制，以确保达到业主所要求的功能和使用价值，实现建设投资的经济效益和社会效益。工程项目的竣工验收，是项目建设程序的最后一个环节，是全面考核项目建设成果，检查设计与施工质量，确认项目能否投入使用的重要步骤。竣工验收的顺利完成，标志着项目建设阶段的结束和生产使用阶段的开始。尽快完成竣工验收工作，对促进项目的早日投产使用，发挥投资效益，有着非常重要的意义。本章结合《建筑工程施工质量验收统一标准》及建筑工程其他专业验收规范，着重说明了建筑工程质量验收的相关问题。

一、建筑工程施工质量验收统一标准、规范体系的构成

《建筑工程施工质量验收统一标准》和与其配合使用的15项建筑工程各专业工程施工质量验收规范名称如下：

《建筑工程施工质量验收统一标准》GB 50300—2001；

《建筑地基基础施工质量验收规范》GB 50202—2002；

《砌体工程施工质量验收规范》GB 50203—2002；

《混凝土结构工程施工质量验收规范》GB 50204—2002；

《钢结构工程施工质量验收规范》GB 50205—2001；

《木结构工程质量验收规范》GB 50206—2002；

《屋面工程质量验收规范》GB 50207—2002；

《地下防水工程质量验收规范》GB 50208—2002；

《建筑地面工程施工质量验收规范》GB 50209—2002；

《建筑装饰装修工程质量验收规范》GB 50210—2001；

《建筑给水排水及采暖工程施工质量》GB 50242—2002；

《通风与空调工程施工质量验收规范》GB 50243—2002；

《建筑电气安装工程施工质量验收规范》GB 50303—2002；

《建筑电梯工程施工质量验收规范》GB 50310—2002；

《智能建筑工程施工质量验收规范》GB 50339—2003。

二、施工质量验收统一标准、规范体系的编制指导思想

为了进一步做好工程质量验收工作，结合当前建设工程质量管理的方针和政策，增强

各规范间的协调性及适用性并考虑与国际惯例接轨，在建筑工程施工质量验收标准、规范体系的编制中坚持了“验评分离，强化验收，完善手段，过程控制”的指导思想。

三、施工质量验收统一标准、规范体系的编制依据及其相互关系

建筑工程施工质量验收统一标准的编制依据，主要是《中华人民共和国建筑法》、《建设工程质量管理条例》、《建筑结构可靠度设计统一标准》及其他有关设计规范等。验收统一标准及专业验收规范体系的落实和执行，还需要有关标准的支持，其支持体系见图 3-1。

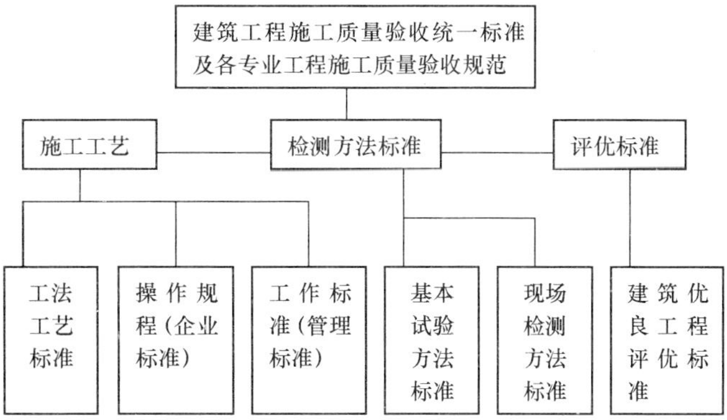

图 3-1 工程质量验收规范支持体系示意图

第二节 建筑工程施工质量验收的术语和基本规定

一、施工质量验收的有关术语

《建筑工程施工质量验收统一标准》（GB 50300—2001）中共给出 17 个术语，这些术语对规范有关建筑工程施工质量验收活动中的用语，加深对标准条文的理解，特别是更好地贯彻执行标准是十分必要的。下面列出几个较重要的质量验收相关术语。

（1） 验收

建筑工程在施工单位自行质量检查评定的基础上，参与建设活动的有关单位共同对检验批、分项、分部、单位工程的质量进行抽样复验，根据相关标准以书面形式对工程质量达到合格与否做出确认。

（2） 检验批

按同一生产条件或按规定的方式汇总起来供检验用的，由一定数量样本组成的检验体。检验批是施工质量验收的最小单位，是分项工程乃至整个建筑工程质量验收的基础。

（3） 主控项目

建筑工程中的对安全、卫生、环境保护和公众利益起决定性作用的检验项目。例如混凝土结构工程中“钢筋安装时，受力钢筋品种、级别、规格和数量必须符合设计要求”，“纵向受力钢筋连接时应符合设计要求”，“安装现浇结构的上层模板及其支架时，下层模板应具有承受上层荷载的承载能力，或加设支架；上、下层支架的立架的立柱应对准，并铺设垫板”等都是主控项目。

（4） 一般项目

除主控项目以外的项目都是一般项目。例如混凝土结构工程中，除了主控项目外，“钢筋的接头宜设置在受力较小处。同一纵向受力钢筋不宜设置两个或两个以上接头。接头末端至钢筋弯起点的距离不应小于钢筋直径的 10 倍”，“钢筋应平直、无损伤，表面不得有裂纹、油污、颗粒状或片状老锈”，“施工缝位置应在混凝土的浇筑前按设计要求和施工技术方案确定；施工缝的处理应按施工技术方案执行”等都是一般项目。

(5) 观感质量

通过观察和必要的测量所反映的工程外在质量。

(6) 返修

对工程不符合标准规定的部位采取整修等措施。

(7) 返工

对不合格的工程部位采取重新制作、重新施工等措施。

二、施工质量验收基本规定

(1) 施工现场质量管理应有相应的施工技术标准，健全的质量管理体系、施工质量检验制度和综合施工质量水平评价考核制度，并做好施工现场质量管理检查记录。

施工现场质量管理检查记录应由施工单位按表 3-1 填写，总监理工程师（建设单位项目负责人）进行检查，并做出结论。

表 3-1　施工现场质量管理检查记录

开工日期：

<table>
<tr><td>工程名称</td><td colspan="2"></td><td colspan="3">施工许可证（开工证）</td><td></td></tr>
<tr><td>建设单位</td><td colspan="2"></td><td colspan="3">项目负责人</td><td></td></tr>
<tr><td>设计单位</td><td colspan="2"></td><td colspan="3">项目负责人</td><td></td></tr>
<tr><td>监理单位</td><td colspan="2"></td><td colspan="3">总监理工程师</td><td></td></tr>
<tr><td>施工单位</td><td></td><td>项目经理</td><td colspan="2"></td><td>项目技术负责人</td><td></td></tr>
<tr><td>序　号</td><td colspan="3">项　　　目</td><td colspan="3">内　　　容</td></tr>
<tr><td>1</td><td colspan="3">现场质量管理制度</td><td colspan="3"></td></tr>
<tr><td>2</td><td colspan="3">质量责任制</td><td colspan="3"></td></tr>
<tr><td>3</td><td colspan="3">主要专业工种操作上岗证书</td><td colspan="3"></td></tr>
<tr><td>4</td><td colspan="3">分包方资质与对分包方单位的管理制度</td><td colspan="3"></td></tr>
<tr><td>5</td><td colspan="3">施工图审查情况</td><td colspan="3"></td></tr>
<tr><td>6</td><td colspan="3">地质勘察资料</td><td colspan="3"></td></tr>
<tr><td>7</td><td colspan="3">施工组织设计、施工方案及审批</td><td colspan="3"></td></tr>
<tr><td>8</td><td colspan="3">施工技术标准</td><td colspan="3"></td></tr>
<tr><td>9</td><td colspan="3">工程质量检验制度</td><td colspan="3"></td></tr>
<tr><td>10</td><td colspan="3">搅拌站及计量设置</td><td colspan="3"></td></tr>
<tr><td>11</td><td colspan="3">现场材料、设备存放与管理</td><td colspan="3"></td></tr>
<tr><td>12</td><td colspan="3"></td><td colspan="3"></td></tr>
<tr><td colspan="7">检查结论：

总监理工程师
（建设单位负责人）　　年　月　日</td></tr>
</table>

（2）建筑工程质量应按下列要求进行验收：

1）建筑工程施工质量应符合建筑工程施工质量验收统一标准和相关专业验收规范的规定；

2）建筑工程施工应符合工程勘察、设计文件的要求；

3）参加工程施工质量验收的各方人员应具备规定的资格；

4）工程质量的验收应在施工单位通知有关方进行验收，并应形成验收文件；

5）隐蔽工程在隐蔽前应由施工单位通知有关方进行验收，并应形成验收文件；

6）涉及结构安全的试块、试件以及有关材料，应按规定进行见证取样检测；

7）检验批的质量应按主控项目和一般项目验收；

8）对涉及结构安全和使用功能的分部工程进行抽样检测；

9）承担见证取样检测及有关结构安全检测的单位应具有相应资质；

10）工程的观感质量应由验收人员通过现场检查，并应共同确认。

第三节　建筑工程施工质量验收的划分

一、建筑工程质量划分的目的

一个建筑物（构筑物）的建成，由施工准备工作开始到竣工交付使用要经过若干个工序和若干个工种之间的配合施工。所以一个工程质量的好坏，取决于各个施工工序和各工种的操作质量。为了便于控制、检查和评定每个施工工序和工种的操作质量，建筑工程按检验批、分项工程、分部工程（子分部工程）、单位工程（子单位工程）四级划分进行评定；将一个单位（子单位）工程划分为若干个分部（子分部）工程，每个分部（子分部）工程又划分为若干个分项工程，每个分项工程又可划分为一个或若干个检验批。首先评定验收检验批的质量，再评定验收分项工程的质量，而后以分项工程质量为基础评定验收分部（子分部）的工程质量，最终以分部（子分部）工程质量、质量控制资料及有关安全和功能的检测资料、观感质量来综合评定验收单位（子单位）工程的质量。检验批、分项、分部（子分部）和单位（子单位）工程四级的划分目的是为了方便质量管理和控制工程质量，根据某项工程的特点以对其进行质量控制和验收。

二、建筑工程质量验收的划分

建筑工程质量验收应划分为单位（子单位）工程、分部（子分部）、分项工程和检验批。

（一）单位工程的划分

（1）房屋建筑（构筑物）单位工程

1）具备独立施工条件并能形成独立使用功能的建筑物及构筑物为一个单位工程。如一栋住宅楼、一个商店、锅炉房、一所学校的一栋教学楼、一栋办公楼等均为一个单位工程。

2）建筑规模较大的单位工程，可将其能形成独立使用功能的部分作为一个子单位工程。如一个公共建筑有30层塔楼及裙房，该业主在裙房施工竣工后，具备使用功能，就计划先投入使用，这个裙房就可以先以子单位工程进行验收；如果塔楼30层分两个或三个子单位工程验收也是可以的。各子单位工程验收完，整个单位工程也就验收完了，并且可以以子单位工程办理竣工备案手续。

3）单位（子单位）工程的划分，应在施工前由建设、监理、施工单位自行商议确定，并据此收集整理施工技术资料和验收，事先确定可以避免不必要的合同纠纷。

（2）室外单位工程

为了加强室外工程的管理和验收，促进室外工程质量的提高，将室外工程根据专业类别和工程规模划分为室外建筑环境和室外安装两个室外单位工程，并又分成附属建筑、室外环境、给排水与采暖和电气子单位工程。

（二）分部（子分部）工程的划分

（1）分部工程的划分应按专业性质、建筑部分确定。

（2）当分部工程较大或较复杂时，可按材料种类、施工特点、施工程序、专业系统及类别等划分为若干子分部工程。

一个单位工程有的是由地基与基础、主体结构、屋面、装饰装修4个建筑及结构分部工程和建筑设备安装工程的建筑给水、排水及采暖、建筑电气、通风与空调、电梯和智能建筑5个分部工程，共9个分部工程组成，不论其工作量大小，都作为一个分部工程参与单位工程的验收。但有的单位工程中，不一定全有这些分部工程。如有的构筑物可能没有装饰装修分部工程，有的可能没有屋面工程等。对建筑设备安装工程来讲，一些高级宾馆、公共建筑可能5个分部工程全有，一般工程有的就没有通风与空调及电梯安装分部工程。有的构筑物可能连建筑给、排水及采暖、智能建筑分部工程也没有。所以说，房屋建筑物（构筑物）的单位工程目前最多是由9个分部所组成。

（三）分项工程的划分

分项工程应按主要工种、材料、施工工艺、设备类别等进行划分。如瓦工的砌砖工程，钢筋工的钢筋绑扎工程，木工的木门窗安装工程，油漆工的混色油漆工程等。也有一些分项工程并不限于一个工种，由几个工种配合施工的，如装饰工程的护栏和扶手制作与安装，由于其材料可以是金属的、木质的，不一定由一个工种来完成。

设备安装工程的分项工程一般按工种种类、设备组别等划分，也可按系统、区段来划分。如碳素钢管有给水管道、排水管道等，管道安装有碳素钢管道、铸铁管道、混凝土管道等，从设备组别来分，有锅炉安装、锅炉附属设备安装、卫生器具安装等。另外，对于管道的工作压力不同，质量要求也不同，也应分别划分为不同的分项工程。同时，还应根据工程的特点，按系统或区段来划分各自的分项工程，如住宅楼的下水管道，可把每个单元排水系统划分为一个分项工程。对于大型公共建筑的通风管道工程，一个楼层可分为数段，每段则为一个分项工程来进行质量控制和验收。

（四）检验批的划分

检验批可根据施工或质量控制以及专业验收的需要，按楼层、施工段、变形缝等进行划分。分项工程是一个比较大的概念，真正进行质量验收的并不是一个分项工程的全部，而只是其中的一部分。在原1988年的《验评标准》中这个问题没有很好地解决，将一个分项工程和检验批评定的那一部分，统称为分项工程，实际其范围是不一致的。如一个砖混结构的住宅工程，其主体部分由砌砖、模板、钢筋、混凝土等分项工程组成，在验收时，是分层验收的，如一层砌砖分项工程、二层砌砖分项工程等，如果这个房屋有六层就有六个分项工程，这样划分非常不合理。在这次验收规范的编制中，解决了这个问题，前者叫分项工程，后者叫检验批。这样一来，砌砖分项工程就由六个检验批组成，每一个验收批都验收了，砌砖分项工程的验收也就完成了。

第四节　建筑工程施工质量验收

一、检验批质量的验收

（一）检验批合格质量的规定

分项工程分成一个或几个检验批来验收。检验批合格质量应符合下列规定：

（1）主控项目和一般项目的质量经抽样检验合格。

（2）具有完整的施工操作依据、质量检验记录。

主控项目的条文是必须达到的要求，是保证工程安全和使用功能的重要检验项目，是对安全、卫生、环境保护和公众利益起决定性作用的检验项目，是确定该检验批主要性能的。如果达不到规定的质量指标，降低要求就相当于降低该工程项目的性能指标，就会严重影响工程的安全性能。如混凝土、砂浆的强度等级是保证混凝土结构、砌体工程强度的重要性能，所以必须全部达到要求。

一般项目是除主控项目以外的检验项目，其条文也是应该达到的，只不过对少数条文可以适当放宽一些，也不影响工程安全和使用功能。这些条文虽不像主控项目那样重要，但对工程安全、使用功能、工程整体的美观都是有较大影响的。这些项目的绝大多数质量指标都必须达到要求，其余20%虽可以超过一定的指标，但通常不能超过规定值的150%，这样就对工程质量的控制更严格了。

（二）检验批的质量验收记录

检验批的质量验收记录由施工项目专业质量检查员填写，监理工程师（建设单位技术负责人）组织项目专业质量检查员等进行验收，并按表3-2进行记录。

二、分项工程的质量验收

（一）分项工程质量验收合格应符合的规定

（1）分项工程所含的检验批均应符合合格质量的规定。

（2）分项工程所含的检验批的质量验收记录应完整。

分项工程质量的验收是在检验批验收的基础上进行的，是一个统计过程，没有直接的验收内容，所以在验收分项工程时应注意两点：一是核对检验批的部位、区段是否全部覆盖分项工程的范围，没有缺漏；二是检验批验收记录的内容及签字人是否正确、齐全。

（二）分项工程质量验收记录

分项工程质量应由监理工程师（建设单位项目专业技术负责人）组织专业技术负责人等进行验收，并按表3-3进行记录。

表 3-2　检验批质量验收记录

工程名称		分项工程名称		验收部位	
施工单位		专业工长		项目经理	
施工执行标准名称及编号					
分包单位		分包项目经理		施工班组长	
质量验收规范的规定			施工单位检查评定记录		监理（建设）单位验收记录
主控项目	1				
	2				
	3				
	4				
	5				
	6				
	7				
	8				
	9				
一般项目					
施工单位检查评定结果	项目专业质量检查员：			年　月　日	
监理（建设）单位验收结论	监理工程师（建设单位项目技术负责人）：			年　月　日	

表 3-3 ________________分项工程质量验收记录

工程名称		结构类型		检验批数	
施工单位		项目经理		项目技术负责人	
分包单位		分包单位负责人		分包项目经理	

序号	检验批部位、区段	施工单位检查评定结果	监理（建设）单位验收结论
1			
2			
3			
4			
5			
6			
7			
8			
9			
10			
11			
12			
13			
14			
15			
16			
17			
18			
19			
20			

施工单位检查评定结果	项目专业质量检查员：项目专业质量（技术）负责人：　　年　月　日
监理（建设）单位验收结论	监理工程师（建设单位项目技术负责人）：　　年　月　日

三、分部（子分部）工程质量验收

（一）分部（子分部）工程质量验收合格应符合的规定

（1）分部（子分部）工程所含分项工程的质量均应验收合格。

（2）质量控制资料应完整。

（3）地基与基础、主体结构和设备安装等分部工程有关安全及功能的检验和抽样检测结果应符合有关规定。

（4）观感质量验收应符合质量要求。

分部（子分部）工程的验收内容、程序都是一样的，在一个分部工程中只有一个子分部工程时，子分部就是分部工程。当不止一个子分部工程时，可以一个子分部、一个子分部地进行质量验收，然后，应将各子分部的质量控制资料进行核查，对地基与基础、主体结构和设备安装工程等分部工程，有关安全及功能的检验和抽样检测结果的资料核查，观感质量评价结果需要进行综合评价。

（二）分部（子分部）工程质量验收记录

分部（子分部）工程质量应由总监理工程师（建设单位项目专业负责人）组织施工项目经理和有关勘察、设计单位项目负责人进行验收，并按表 3-4 记录。

表 3-4 ____________________分部（子分部）工程质量验收记录

<table>
<tr><td colspan="3">工程名称</td><td></td><td colspan="3">结构类型</td><td></td><td>层　　数</td><td></td></tr>
<tr><td colspan="3">施工单位</td><td></td><td colspan="3">技术部门负责人</td><td></td><td>质量部门负责人</td><td></td></tr>
<tr><td colspan="3">分包单位</td><td></td><td colspan="3">分包单位负责人</td><td></td><td>分包技术负责人</td><td></td></tr>
<tr><td colspan="2">序　号</td><td colspan="2">分项工程名称</td><td colspan="2">检验批数</td><td colspan="2">施工单位检查评定</td><td colspan="2">验　收　意　见</td></tr>
<tr><td colspan="2">1</td><td colspan="2"></td><td colspan="2"></td><td colspan="2"></td><td colspan="2"></td></tr>
<tr><td colspan="2">2</td><td colspan="2"></td><td colspan="2"></td><td colspan="2"></td><td colspan="2"></td></tr>
<tr><td colspan="2">3</td><td colspan="2"></td><td colspan="2"></td><td colspan="2"></td><td colspan="2"></td></tr>
<tr><td colspan="2">4</td><td colspan="2"></td><td colspan="2"></td><td colspan="2"></td><td colspan="2"></td></tr>
<tr><td colspan="2">5</td><td colspan="2"></td><td colspan="2"></td><td colspan="2"></td><td colspan="2"></td></tr>
<tr><td colspan="2">6</td><td colspan="2"></td><td colspan="2"></td><td colspan="2"></td><td colspan="2"></td></tr>
<tr><td colspan="2">7</td><td colspan="2"></td><td colspan="2"></td><td colspan="2"></td><td colspan="2"></td></tr>
<tr><td colspan="2">8</td><td colspan="2"></td><td colspan="2"></td><td colspan="2"></td><td colspan="2"></td></tr>
<tr><td colspan="2"></td><td colspan="2"></td><td colspan="2"></td><td colspan="2"></td><td colspan="2"></td></tr>
<tr><td colspan="2"></td><td colspan="2"></td><td colspan="2"></td><td colspan="2"></td><td colspan="2"></td></tr>
<tr><td colspan="2"></td><td colspan="2"></td><td colspan="2"></td><td colspan="2"></td><td colspan="2"></td></tr>
<tr><td colspan="6">质量控制资料</td><td colspan="2"></td><td colspan="2"></td></tr>
<tr><td colspan="6">安全和功能检验（检测）报告</td><td colspan="2"></td><td colspan="2"></td></tr>
<tr><td colspan="5">观感质量验收</td><td colspan="5"></td></tr>
<tr><td rowspan="5">验收单位</td><td colspan="4">分包单位</td><td colspan="5">项目经理：　　　年　月　日</td></tr>
<tr><td colspan="4">施工单位</td><td colspan="5">项目经理：　　　年　月　日</td></tr>
<tr><td colspan="4">勘察单位</td><td colspan="5">项目负责人：　　　年　月　日</td></tr>
<tr><td colspan="4">设计单位</td><td colspan="5">项目负责人：　　　年　月　日</td></tr>
<tr><td colspan="4">监理（建设）单位</td><td colspan="5">总监理工程师（建设单位项目专业负责人）：　　　年　月　日</td></tr>
</table>

四、单位（子单位）工程质量验收

（一）单位（子单位）工程质量验收合格应符合的规定

（1）单位（子单位）工程所含分部（子分部）工程的质量均应验收合格。

（2）质量控制资料应完整。

（3）单位（子单位）工程所含分部工程有关安全和功能的检测资料应完整。

（4）主要功能项目的抽查结果应符合相关专业质量验收规范的规定。

（5）观感质量应符合要求。

单位工程质量验收也称质量竣工验收，是建筑工程投入使用前的最后一次验收，也是最重要的一次验收。参与建设的各方责任主体和有关单位及人员，应该重视这项工作，认真做好单位（子单位）工程质量的竣工验收，把好工程质量关。

单位（子单位）工程质量验收，总体上讲还是一个统计性的审核和综合性的评价。是通过核查分部（子分部）工程验收质量控制资料、有关安全、功能检测资料、进行的必要的主要功能项目的复核及抽测，以及总体工程观感质量的现场实物质量验收。

（二）单位（子单位）工程质量竣工验收记录

单位（子单位）工程质量验收应按表 3-5 进行记录，本表与表 3-4［分部（子分部）工程质量验收记录］用表 3-5. 1［单位（子单位）工程质量控制资料核查记录］、表 3-5. 2［单位（子单位）工程安全和功能检验资料核查及主要功能抽查记录］、表 3-5. 3［单位（子单位）工程观感质量检查记录］配合使用。

表 3-5 验收记录由施工单位填写，验收记录由监理（建设）单位填写。综合验收结论由参加验收各方共同商定后，由建设单位填写，应对工程质量是否符合设计和规范要求总体质量水平作出评审。

表 3-5 单位（子单位）工程质量竣工验收记录

<table>
<tr><td colspan="2">工程名称</td><td></td><td>结构类型</td><td></td><td>层数、建筑面积</td><td></td></tr>
<tr><td colspan="2">施工单位</td><td></td><td>技术负责人</td><td></td><td>开工日期</td><td></td></tr>
<tr><td colspan="2">项目经理</td><td></td><td>项目技术负责人</td><td></td><td>竣工日期</td><td></td></tr>
<tr><td>序号</td><td>项　　目</td><td colspan="2">验　收　记　录</td><td colspan="3">验　收　结　论</td></tr>
<tr><td>1</td><td>分部工程</td><td colspan="2"></td><td colspan="3"></td></tr>
<tr><td>2</td><td>质量控制资料核查</td><td colspan="2"></td><td colspan="3"></td></tr>
<tr><td>3</td><td>安全和主要使用功能核查及抽查结果</td><td colspan="2"></td><td colspan="3"></td></tr>
<tr><td>4</td><td>观感质量验收</td><td colspan="2"></td><td colspan="3"></td></tr>
<tr><td>5</td><td>综合验收结论</td><td colspan="2"></td><td colspan="3"></td></tr>
<tr><td rowspan="2">参加验收单位</td><td>建设单位</td><td colspan="2">监理单位</td><td colspan="2">施工单位</td><td>设计单位</td></tr>
<tr><td>（公章）
单位（项目）负责人：
年　月　日</td><td colspan="2">（公章）
总监理工程师：
年　月　日</td><td colspan="2">（公章）
单位（项目）负责人：
年　月　日</td><td>（公章）
单位（项目）负责人：
年　月　日</td></tr>
</table>

表 3-5.1 单位（子单位）工程质量控制资料核查记录

工程名称			施工单位		
序号	项目	资料名称	份数	核查意见	核查人
1	建筑与结构	图纸会审、设计变更、洽商记录			
2		工程定位测量、放线记录			
3		原材料出厂合格证书及进场检（试）验报告			
4		施工试验报告及见证检测报告			
5		隐蔽工程验收记录			
6		施工记录			
7		预制构件、预拌混凝土合格证			
8		地基、基础、主体结构检验及抽样检测资料			
9		分项、分部工程质量验收记录			
10		工程质量事故及事故调查处理资料			
11		新材料、新工艺施工记录			
1	给排水与采暖	图纸会审、设计变更、洽商记录			
2		材料、配件出厂合格证书及进场检（试）验报告			
3		管道、设备强度试验、严密性试验记录			
4		隐蔽工程验收记录			
5		系统清洗、灌水、通水、通球试验记录			
6		施工记录			
7		分项、分部工程质量验收记录			
1	建筑电气	图纸会审、设计变更、洽商记录			
2		材料、设备出厂合格证书及进场检（试）验报告			
3		设备调试记录			
4		接地、绝缘电阻测试记录			
5		隐蔽工程验收记录			
6		施工记录			
7		分项、分部工程质量验收报告			
1	通风与空调	图纸会审、设计变更、洽商记录			
2		材料、设备出厂合格证书及进场检（试）验报告			
3		制冷、空调、水管道强度试验、严密性试验记录			
4		隐蔽工程验收记录			
5		制冷设备运行调试记录			
6		通风、空调系统调试记录			
7		施工记录			
8		分项、分部工程质量验收记录			
9					

续表

工程名称			施工单位		
序号	项目	资 料 名 称	份数	核查意见	核查人
1	电梯	土建布置图纸会审、设计变更、洽商记录			
2		设备出厂合格证书及开箱检验记录			
3		隐蔽工程验收表			
4		施工记录			
5		接地、绝缘电阻测试记录			
6		负荷试验、安全装置检查记录			
7		分项、分部工程质量验收记录			
8					
1	智能建筑	图纸会审、设计变更、洽商记录、竣工图及设计说明			
2		材料、设备出厂合格证、技术文件及进场检（试）验报告			
3		隐蔽工程验收表			
4		系统功能测定及设备调试记录			
5		系统技术、操作和维护手册			
6		系统管理、操作人员培训记录			
7		系统检测报告			
8		分项、分部工程质量验收报告			
9					
自评意见： 施工单位项目经理： 年 月 日			结论： 总监理工程师（建设单位项目负责人）： 年 月 日		

注：抽查项目由验收组协商确定。

表 3-5.2 单位（子单位）工程安全和功能检验资料核查及主要功能抽查记录

工程名称			施工单位			
序号	项目	安全和功能检查项目	份数	核查意见	抽查结果	核查（抽查）人
1	建筑与结构					
2						
3						
4						
5						
6						
7						
8						
9						
10						

续表

<table>
<tr><td colspan="2">工程名称</td><td></td><td colspan="2">施工单位</td><td colspan="2"></td></tr>
<tr><td>序号</td><td>项目</td><td>安全和功能检查项目</td><td>份数</td><td>核查意见</td><td>抽查结果</td><td>核查（抽查）人</td></tr>
<tr><td>1</td><td rowspan="6">给排水与采暖</td><td></td><td></td><td></td><td></td><td></td></tr>
<tr><td>2</td><td></td><td></td><td></td><td></td><td></td></tr>
<tr><td>3</td><td></td><td></td><td></td><td></td><td></td></tr>
<tr><td>4</td><td></td><td></td><td></td><td></td><td></td></tr>
<tr><td>5</td><td></td><td></td><td></td><td></td><td></td></tr>
<tr><td>6</td><td></td><td></td><td></td><td></td><td></td></tr>
<tr><td>1</td><td rowspan="5">建筑电气</td><td></td><td></td><td></td><td></td><td></td></tr>
<tr><td>2</td><td></td><td></td><td></td><td></td><td></td></tr>
<tr><td>3</td><td></td><td></td><td></td><td></td><td></td></tr>
<tr><td>4</td><td></td><td></td><td></td><td></td><td></td></tr>
<tr><td>5</td><td></td><td></td><td></td><td></td><td></td></tr>
<tr><td>1</td><td rowspan="5">通风与空调</td><td></td><td></td><td></td><td></td><td></td></tr>
<tr><td>2</td><td></td><td></td><td></td><td></td><td></td></tr>
<tr><td>3</td><td></td><td></td><td></td><td></td><td></td></tr>
<tr><td>4</td><td></td><td></td><td></td><td></td><td></td></tr>
<tr><td>5</td><td></td><td></td><td></td><td></td><td></td></tr>
<tr><td>1</td><td rowspan="2">电梯</td><td></td><td></td><td></td><td></td><td></td></tr>
<tr><td>2</td><td></td><td></td><td></td><td></td><td></td></tr>
<tr><td>1</td><td rowspan="3">智能建筑</td><td></td><td></td><td></td><td></td><td></td></tr>
<tr><td>2</td><td></td><td></td><td></td><td></td><td></td></tr>
<tr><td>3</td><td></td><td></td><td></td><td></td><td></td></tr>
<tr><td colspan="4">自评意见：

施工单位项目经理：

年　月　日</td><td colspan="3">结论：

总监理工程师（建设单位项目负责人）：

年　月　日</td></tr>
</table>

注：抽查项目由验收组协商确定。

表 3-5.3 单位（子单位）工程观感质量检查记录

工程名称								施工单位								质量评价		
序号	项目		分值	抽查质量状况												好	一般	差
				1	2	3	4	5	6	7	8	9	10	11	12	90%	80%	70%
1	建筑与结构	室外墙面	16															
2		变形缝	2															
3		水落管、屋面	10															
4		室内墙面	10															
5		室内顶棚	5															
6		室内地面	10															
7		楼梯、踏步、护栏	4															
8		门窗	16															
1	给排水与采暖	管道接口、坡度、支架	3															
2		卫生器具、支架、阀门	3															
3		检查口、扫除口、地漏	2															
4		散热器、支架	2															
1	建筑电气	配电箱、盘、板、接线盒	4															
2		设备器具、开关、插座	2															
3		防雷、接地	2															
1	通风与空调	风管、支架	2															
2		风口、风阀	2															
3		风机、空调设备	3															
4		阀门、支架	2															
5		水泵、冷却塔	2															
6		绝热	2															
1	电梯	运行、平层、开关门	3															
2		层门、信号系统	1															
3		机房	1															
1	智能建筑	机房设备安装及布局	1															
2		现场设备安装	2															
3			3															
共实测 项，其中好 项，一般 项，差 项																		
观感质量综合评价																		

自评意见： 施工单位项目经理： 年 月 日	结论： 监理工程师：（建设单位项目负责人）： 年 月 日

【案例3-1】

1. 背景

某市南苑北里小区22号楼为6层混合结构住宅楼，设计采用混凝土小型砌块砌筑，墙体加芯柱，竣工验收合格后，用户入住。但用户在使用过程中，发现墙体中没有芯柱，只发现了少量钢筋，而没有浇筑混凝土，最后经法定检测单位采用红外线照相法统计发现大约有82%墙体中未按设计要求加芯柱，只在一层部分墙体中有芯柱，造成了重大的质量隐患。

2. 问题

（1）该混合结构住宅楼达到什么条件，方可竣工验收？

（2）试述该工程质量验收的基本要求。

（3）该工程已交付使用，施工单位是否需要对此问题承担责任？为什么？

3. 分析与答案

（1）验收条件

1）完成建设工程设计和合同规定的内容；

2）有完整的技术档案和施工管理资料；

3）有工程使用的主要建筑材料、建筑构配件和设备的进场试验报告；

4）有勘察、设计、施工、工程监理等单位分别签署的质量合格文件；

5）按设计内容完成，工程质量的使用功能符合规范规定的设计要求，并按合同规定完成了协议内容。

（2）基本要求

1）质量应符合统一标准和砌体工程及相关专业验收规范的规定；

2）应符合工程勘察、设计文件的要求；

3）参加验收的各方人员应具备规定的相应资质；

4）质量验收应在施工单位自行检查评定的基础上进行；

5）隐蔽工程在隐蔽前应由施工单位通知有关单位进行验收，并形成验收文件；

6）涉及结构安全的试块、试件以及有关材料，应按规定进行见证取样检测；

7）检验批的质量应按主控项目和一般项目验收；

8）对涉及结构安全和使用功能的重要分部工程应进行抽样检测；

9）承担见证取样检测及有关结构安全检测的单位应具有相应资质；

10）工程的观感质量应由验收人员通过现场检查，并共同确认。

（3）施工单位必须对此问题承担责任，原因是该质量问题是由施工单位在施工过程中未按设计要求施工造成的。

五、工程施工质量不符合要求时的处理

一般情况下，不合格现象在检验批的验收时就应发现并及时处理，所有质量隐患必须尽快消灭在萌芽状态，否则将影响后续检验批和相关的分项、分部工程的验收。但非正常情况可按下述规定进行处理：

（1）经返工重做或更换器具、设备检验批应重新进行验收。这种情况是指主控项目不能满足验收规范规定或一般项目超过偏差限制的子项目不符合检验规定的要求时，应及

时进行处理的检验批。其中，严重的缺陷应重做；一般的缺陷通过返修或更换器具、设备予以解决，应允许施工单位在采取相应的措施后重新验收。如能够符合相应的专业工程质量验收规范，则应认为该检验批合格。

（2）经有资质的检测单位鉴定达到设计要求的检验批，应予以验收。这种情况是指个别检验批发现试块强度不满足要求等问题，难以确定是否验收时，应请具有资质的法定检测单位检测。当鉴定结果能够达到设计要求时，检验批应允许通过验收。

（3）经有资质的检测单位鉴定达不到设计要求，但经原设计单位核算认可能满足结构安全和使用功能的检验批，可予以验收。这种情况是指一般情况下，规范标准给出了满足安全和功能的最低限度要求，而设计往往在此基础上留有一些余量。

（4）经返修或加固的分项、分部工程，虽然改变外形尺寸但仍能满足安全使用要求，可按技术处理方案和协调文件进行验收。这种情况是指更为严重缺陷或范围超过检验批的更大范围内的缺陷可能影响结构的安全性和使用功能。如，经法定检测单位检测鉴定以后认为达不到规范标准的相应要求，即不能满足最低限度的安全储备和使用功能，则必须按一定的技术方案进行加固处理，使之能保证其满足安全使用的基本要求。这样会造成一些永久性的缺陷，如改变结构的外形尺寸，影响一些次要的使用功能等。为避免社会财富更大的损失，在不影响安全和主要使用功能的条件下可按技术处理方案和协商文件等进行验收，但不能作为轻视质量而回避责任的一种出路，这是应该特别注意的。

（5）通过返修或加固仍不能满足安全使用要求的分部工程、单位（子单位）工程，严禁验收。

【案例 3-2】

1. 背景

某施工单位在修建一钢筋混凝土排架结构单层厂房的施工过程中，对柱子质量进行检查，发现有 10 根柱子质量存在问题。

事件一：其中两根柱子经有资质的检测单位检测鉴定，能够达到设计要求；

事件二：其中两根柱子经有资质的检测单位检测鉴定，达不到设计要求，于是请原设计单位核算，能够满足结构安全和使用功能；

事件三：其中三根柱子经有资质的检测单位检测鉴定，达不到设计要求，于是请原设计单位核算，不能满足结构安全和使用功能，经协商进行加固补强，由设计单位出方案，在原柱外面植筋再补浇混凝土，补强后能够满足安全使用要求；

事件四：还有三根柱子混凝土强度与设计要求相差甚远，加固补强仍不能满足安全使用要求。

2. 问题

（1）事件一应如何处理？依据是什么？

（2）事件二应如何处理？依据是什么？

（3）事件三应如何处理？依据是什么？

（4）事件四应如何处理？依据是什么？

3. 分析与答案

（1）事件一中的两根柱子应予以验收。依据《建筑工程施工质量验收统一标准》规定，当建筑工程质量不符合要求时，经有资质的检测单位鉴定达到设计要求的检验批，应予以验收。

（2）事件二中的两根柱子可予以验收。依据《建筑工程施工质量验收统一标准》规定：当建筑工程质量不符合要求时，经有资质的检测单位鉴定仍达不到设计要求，但经原设计单位核算认可能够满足结构安全和使用功能的检验批，可予以验收。

（3）事件三中的三根柱子可按技术处理方案和协商文件进行验收。根据《建筑工程施工质量验收统一标准》规定：当建筑工程质量不符合要求时，经返修或加固处理的分项、分部工程，虽然改变外形尺寸但仍能满足安全使用要求，可按技术处理方案和协商文件进行验收。

（4）事件四中的三根柱子严禁验收，必须拆除重建，重新验收。依据《建筑工程施工质量验收统一标准》规定：通过返修或加固处理仍不能满足安全使用要求的分部工程、单位工程，严禁验收；经过返工重做的，应重新验收。

六、建筑工程质量验收程序和组织

检验批及分项工程应由监理工程师（建设单位项目技术负责人）组织施工单位项目专业质量（技术）负责人等进行验收。

分部工程应由总监理工程师（建设单位项目负责人）组织施工单位项目负责人和技术、质量负责人等进行验收；地基与基础、主体结构分部工程的勘察、设计单位工程项目负责人和施工单位技术、质量部门负责人也应参加相关分部工程验收。

单位工程完工后，施工单位应自行组织有关人员进行检查评定，并向建设单位提交工程验收报告。

建设单位收到工程验收报告后，应由建设单位（项目）负责人组织施工（含分包单位）、设计、监理等单位（项目）负责人进行单位（子单位）工程验收。

单位工程有分包单位施工时，分包单位对所承包的工程项目应按本标准规定的程序检查评定，总包单位应派人参加，分包工程完成后，应将工程有关资料交总包单位。

当参加验收各方对工程质量验收意见不一致时，可请当地建设行政主管部门或工程质量监督机构协调处理。

单位工程质量验收合格后，建设单位应在规定时间内将工程竣工验收报告和有关文件，报建设行政管理部门备案。

【案例 3－3】

1. 背景

某市阳光花园高层住宅 1 号楼，由两个地上 24 层地下 2 层塔楼和一个联体建筑组成，总建筑面积 31 100 m^2，全现浇钢筋混凝土剪力墙结构。施工组织采用总分包管理模式。

1998 年 9 月中旬挖槽，11 月中旬完成基础底板混凝土浇筑，12 月中旬完成地下 2 层墙体，顶板支模、钢筋绑扎及混凝土浇筑工作，1 月中旬基础工程全部完工。

2. 问题

（1）试述钢筋分项工程质量如何验收。

（2）试述该基础工程质量如何验收。

（3）试述该单位工程质量如何验收。

3. 分析与答案

（1）钢筋分项工程应由监理工程师（建设单位项目负责人）组织施工单位项目专业质量（技术）负责人进行验收。

（2）基础工程应由总监理工程师（建设单位项目负责人）组织施工单位项目负责人和技术、质量负责人、勘察、设计单位工程项目负责人和施工单位技术、质量部门负责人进行工程验收。

（3）该住宅完工后，施工单位应自行组织有关人员进行检查评定，并向建设单位提交工程验收报告，建设单位收到工程验收报告后，应由建设单位（项目）负责人组织施工（含分包单位）、设计、监理等单位（项目）负责人进行单位工程验收。分包单位对所承包工程项目检查评定，总包派人参加，分包完成后，将资料交给总包。当参加验收各方对工程质量验收意见不一致时，可请当地建筑行政主管部门或工程质量监督机构协调处理。单位工程质量验收合格后，建设单位应在规定时间内将工程竣工验收报告和有关文件，报建设行政管理部门备案。

复习思考题

1. 试述建筑工程施工质量验收统一标准、规范体系的构成及其指导思想。

2. 什么是建筑工程施工质量验收的主控项目和一般项目？

3. 试说明建筑工程施工质量验收的基本规定。

4. 建筑工程施工质量验收中，单位工程、分部工程、分项工程、检验批是如何进行划分的？

5. 试述单位工程质量验收合格的规定。

6. 试说明当建筑工程质量不符合要求时应如何进行处理。

7. 简述建筑工程质量验收的程序和组织。

第四章 地基基础工程质量控制

第一节 土 方 工 程

一、土方开挖

（一）质量控制要点

（1）在土方工程施工测量中，应对平面位置（包括控制边界线、分界线、边坡的上口线和底口线等）、边坡坡度（包括放坡线、变坡等）和标高（包括各个地段的标高）等经常进行测量，校核是否符合设计要求。

上述施工测量的基准——平面控制桩和水准控制点，也应定期进行复测和检查。

（2）挖土堆放不能离基坑上边缘太近。

（3）土方开挖应具有一定的边坡坡度，临时性挖方的边坡值应符合表4-1的规定。

（4）为了使建（构）筑物有一个比较均匀的下沉，对地基应进行严格的检验，与地质勘察报告进行核对，检查地基土与工程地质勘察报告、设计图纸是否相符，有无破坏原状土的结构或发生较大的扰动现象。进行验槽的主要方法有：

1）表面检查验槽法：

①根据槽壁土层分布情况及走向，初步判明全部基底是否已挖至设计所要求的土层。

②检查槽底是否已挖至原（老）土，是否需继续下挖或进行处理。

③检查整个槽底土的颜色是否均匀一致，土的坚硬程度是否一样，有否局部过松软或过坚硬的部位，有否局部含水量异常现象，走上去有没有颤动的感觉等。验槽的重点应选择柱基、墙角、承重墙下或其他受力较大部位，如有异常部位，要会同设计等有关单位进行处理。

表4-1 临时性挖方边坡值

土的类别		边坡值（高:宽）
砂土（不包括细砂、粉砂）		1:1.25～1:1.50
一般性黏土	硬	1:0.75～1:1.00
	硬、塑	1:1.00～1:1.25
	软	1:0.25或更缓
碎石类土	充填坚硬、硬塑黏性土	1:0.50～1:1.00
	充填砂土	1:1.00～1:1.50

注：1. 设计有要求时，应符合设计标准。

2. 如采用降水或其他加固措施，可不受本表限制，但应计算复核。

3. 开挖深度，对软土不应超过4 m，对硬土不应超过8 m。

4. 本表摘自《建筑地基基础工程施工质量验收规范》（GB 50202—2002）。

2）钎探检查验槽法：基坑挖好后，用锤把钢钎打入槽底的基土内，根据每打入一定深度的锤击次数，来判断地基土质情况。

①钢钎的规格和重量。钢钎用直径 22 ~ 25 mm 的钢筋制成，钎尖呈 60°尖锥状，长度 1.8 ~ 2.0 m。配合重量 3.6 ~ 4.5 kg 铁锤。打锤时，举高离钎顶 50 ~ 70 cm，将钢钎垂直打入土中，并记录每打入土层 30 cm 的锤击数。

②钎孔布置和钎探深度。应根据地基土质的复杂情况和基槽宽度、形状而定。

③钎探记录和结果分析。先绘制基槽平面图，在图上根据要求确定钎探点的平面位置，并依次编号制成钎探平面图。钎探时按钎探平面图标定的钎探点顺序进行，最后整理成钎探记录表。

（二）质量验收

土方开挖工程的质量检验标准应符合表 4-2 的规定。

表 4-2　土方开挖工程质量检验标准

项目	序号	检查项目	允许偏差或允许值/mm					检验方法	检查数量
			桩基、基坑、基槽	挖方场地平整		管沟	地（路）面基层		
				人工	机械				
主控项目	1	标高	-50	±30	±50	-50	-50	水准仪	桩基按总数抽查 10%，但不少于 5 个，每个不少于 2 点；基坑每 20 m^2 取 1 点，每坑不少于 2 点；基槽、管沟、排水沟、路面基层每 20 m 取 1 点，但不少于 5 点；挖方每 30 ~ 50 m^2 取 1 点，但不少于 5 点
	2	长度、宽度（由设计中心线向两边量）	+200 -50	+300 -100	+500 -150	+100	—	经纬仪，用钢尺量	每 20 m 取 1 点，每边不少于 1 点
	3	边坡	设计要求					用坡度尺检查	
一般项目	1	表面平整度	20	20	50	20	20	用 2 m 靠尺和楔形塞尺检查	每 30 ~ 50 m^2 取 1 点
	2	基底土性	设计要求					观察或土样分析	全数观察检查

注：地（路）面基层的偏差只适用于直接在挖、填方上做地（路）面的基层。

二、土方回填

（一）质量控制要点

（1）土方回填前应清除基底的垃圾、树根等杂物，抽除坑穴积水、淤泥，验收基底标高。如在耕植土或松土上填方，应在基底压实后再进行。

（2）填方基底处理应做好隐蔽工程验收，重点内容应画图表示，基底处理经中间验收合格后，才能进行填方和压实。

（3）经中间验收合格的填方区域场地应基本平整，并有0.2%坡度有利排水，填方区域有陡于1/5的坡度时，应控制好阶宽不少于1 m的阶梯形台阶，台阶面口严禁上抬造成台阶上积水。

（4）回填土的最佳含水率和最少压实遍数可通过试验求得。土的最优含水量和最大干密度可参见表4-3。

表4-3　土的最佳含水量和最大干密度参考表

项次	土的种类	变动范围	
		最佳含水量（重量比）/%	最大干密度/（g/cm³）
1	砂土	8~12	1.8~1.88
2	黏土	19~23	1.58~1.70
3	粉质黏土	12~15	1.85~1.95
4	粉土	16~22	1.61~1.80

注：1. 表中土的最大密度应根据现场实际达到的数字为准。
2. 一般性的回填可不做此项测定。

（5）填土的边坡控制见表4-4。

表4-4　填土的边坡控制

项次	土的种类	填方高度/m	边坡坡度
1	黏土类土、黄土、类黄土	6	1:1.50
2	粉质黏土、泥灰岩土	6~7	1:1.50
3	中砂和粗砂	10	1:1.50
4	砾石和碎石土	10~12	1:1.50
5	易风化的岩土	12	1:1.50
6	轻微风化、尺寸在25 cm内的石料	6以内 6~12	1:1.33 1:1.50
7	轻微风化、尺寸大于25 cm的石料，边坡用最大石块、分排整齐铺砌	12以内	1:1.50~1:0.75
8	轻微风化、尺寸大于40 cm的石料，其边坡分排整齐	5以内 5~10 >10	1:0.50 1:0.65 1:1.00

注：1. 当填方高度超过本表规定限值时，其边坡可做成折线形，填方下部的边坡坡度应为1:1.75~1:2.00。
2. 凡永久性填方，土的种类未列入本表者，其边坡坡度不得大于$\phi+45°/2$，ϕ为土的自然倾斜角。

（6）对填方土料应按设计要求验收后方可填入。

（7）填方施工过程中应检查排水措施，每层填筑厚度、含水量控制、压实程度。

（8）填筑厚度及压实遍数应根据土质，压实系数及所用机具确定。如无试验依据，应符合表4-5的规定。

表4-5　填土施工时的分层厚度及压实遍数

压实机具	分层厚度/mm	每层压实遍数
平碾	250~300	6~8
振动压实机	250~350	3~4
柴油打夯机	200~250	3~4
人工打夯	<200	3~4

(9) 分层压实系数 λ_0 的检查方法按设计规定方法进行，求出土的压实系数（$\lambda_0=\rho_d/\rho_{dmax}$，$\rho_d$ 为土的控制干密度，ρ_{dmax} 为土的最大干密度）；压实系数应符合设计要求。

(二) 质量检查与验收

填方施工结束后，应检查标高、边坡坡度、压实程度等，检验标准应符合表4-6的规定。

表4-6　填土工程质量检验标准

<table>
<tr><th rowspan="3">项目</th><th rowspan="3">序号</th><th rowspan="3">检查项目</th><th colspan="5">允许偏差或允许值/mm</th><th rowspan="3">检验方法</th><th rowspan="3">检验数量</th></tr>
<tr><th rowspan="2">柱基、基坑、基槽</th><th colspan="2">场地平整</th><th rowspan="2">管沟</th><th rowspan="2">地（路）面基层</th></tr>
<tr><th>人工</th><th>机械</th></tr>
<tr><td rowspan="2">主控项目</td><td>1</td><td>标高</td><td>-50</td><td>±30</td><td>±50</td><td>-50</td><td>-50</td><td>水准仪</td><td>桩基按总数抽查10%，但不少于5个，每个不少于2点；基坑每20 m²取1点，每坑不少于2点；基槽、管沟、排水沟、路面基层每20 m²取1点，但不少于5点；场地平整每100～400 m²取1点，但不少于10点。用水准仪检查</td></tr>
<tr><td>2</td><td>分层压实系数</td><td colspan="5">设计要求</td><td>按规定方法</td><td>密实度控制基坑和室内填土，每层按100～500 m²取样一组；场地平整填方，每层按400～900 m²取样一组；基坑和管沟回填每20～50 m²取样一组，但每层均不得少于一组，取样部位在每层压实后的下半部</td></tr>
<tr><td rowspan="3">一般项目</td><td>1</td><td>回填土料</td><td colspan="5">设计要求</td><td>取样检查或直观鉴别</td><td>同一土场不少于1组</td></tr>
<tr><td>2</td><td>分层厚度及含水量</td><td colspan="5">设计要求</td><td>水准仪及抽样检查</td><td>分层铺土厚度检查每10～20m²或100～200 m²设置一处。回填料实测含水量与最佳含水量之差，黏性土控制在-4%～+2%范围内，每层填料均应抽样检查一次，由于气候因素使含水量发生较大变化时应再抽样检查</td></tr>
<tr><td>3</td><td>表面平整度</td><td>20</td><td>20</td><td>30</td><td>20</td><td>20</td><td>用靠尺或水准仪</td><td>每30～50 m²取1点</td></tr>
</table>

第二节　地基处理工程

一、换填法

(一) 换填法施工材料要求

(1) 素土

一般用黏土或粉质黏土，土料中有机物含量不超过5%，土料中不得含有冻土或膨胀土，土料中含有碎石时，其料径不宜大于50 mm。

(2) 灰土

土料宜用黏性土及塑性指数大于4的粉土，不得含有松软杂质，土料应过筛，颗粒不得大于15 mm，石灰应用Ⅲ级以上新鲜块灰，含氧化钙、氧化镁越高越好，石灰消解后使用，颗粒不得大于5 mm，消石灰中不得夹有未熟化的生石灰块粒及其他杂质，也不得含有过多的水分。灰土采用体积配合比，一般宜为2:8或3:7。

(3) 砂

宜用颗粒级配良好，质地坚硬的中砂或粗砂。当用细砂、粉砂应掺加粒径25% ~ 30%的卵石（或碎石），最大粒径不大于5 mm，但要分布均匀。砂中不得含有杂草、树根等有机物，含泥量应小于5%。

(4) 砂石

采用自然级配的砂砾石（或卵石、碎石）混合物，最大粒径不大于50 mm，不得含有植物残体、有机物垃圾等杂物。

(5) 粉煤灰垫层

粉煤灰是电厂的工业废料，选用的粉煤灰含SiO_2、Al_2O_3、Fe_2O_3，总量越高越好，颗粒宜粗，烧失量宜低，含SO_3宜小于0.4%，以免对地下金属管道等造成腐蚀。粉煤灰中严禁混入植物、生活垃圾及其他有机杂质。

(6) 工业废渣（俗称干渣）

可选用分级干渣、混合干渣或原状干渣。小面积垫层用8 ~ 40 mm与40 ~ 60 mm的分级干渣或0 ~ 60 mm；大面积铺填时，用混合或原状干渣，混合干渣最大粒径不大于200 mm或不大于碾压分层需铺厚度的2/3。干渣必须具备质地坚硬、性能稳定、松散重度（kN/m^3）不小于11，泥土与有机杂质含量不大于5%的条件。

（二）换填法施工质量控制要点

(1) 当对湿陷性黄土地基进行换填加固时，不得选用砂石。土料中不得夹有砖、瓦和石块等可导致渗水的材料。

(2) 当用灰土作换填垫层加固材料时，应加强对活性氧化钙含量的控制，如以灰土中活性氧化钙含量81.74%的灰土强度为100%计，当氧化钙含量降为74.59%时，相对强度就降到74%，当氧化钙含量降为69.49%时，相对强度就降到60%，所以在监督检查时要重点看灰土中石灰的氧化钙含量。

(3) 当换垫层底部存在古井、古墓、洞穴、旧基础、暗塘等软硬不均的部位时，应根据设计要求实施处理。

(4) 垫层施工的最优含水量。垫层材料的含水量，在当地无可靠经验值取用时，应通过击实试验来确定最优含水量。分层铺垫厚度，每层压实遍数和机械碾压速度应根据选用不同材料及使用的施工机械通过压实试验确定。

（三）施工质量检验要求

(1) 对素土、灰土、砂垫层用贯入仪检验垫层质量，对砂垫层也可用钢筋贯入度检验。

(2) 检验的数量、分层检验的深度按规定进行。

（3）当用贯入仪和钢筋检验垫层质量时，均应以现场控制压实系数所对应的贯入度为合格标准。压实系数检验可用环刀法或其他方法。

（4）粉煤灰垫层的压实系数≥0.9施工试验确定的压实系数为合格。

（5）干渣垫层表面应达到坚实、平整、无明显软陷，每层压陷差<2 mm为合格。

（四）质量保证资料检查要求

（1）检查地质资料与验槽是否吻合，当不吻合时，应提供对进一步搞清地质情况的记录和采取进一步加固的设计图纸和说明。

（2）试验报告和记录

1）最优含水量的试验报告；

2）分层需铺厚度，每层压实遍数，机械碾压运行速度的记录；

3）每层垫层施工时的检验记录和检验点的图示。

二、预压法

预压法分为加载预压法和真空预压法两种，适用于处理淤泥质土、淤泥和冲填土等饱和黏性土地基。

（一）加载预压法

（1）加载预压法施工技术要求

1）用于灌入砂井的砂应为干砂；

2）用于造孔成井的钢管，内径应比砂井需要的直径略大，以减少施工过程中对地基土的扰动。

3）用于排水固结用的塑料排水板，应具有良好的透水性、足够的湿润抗拉强度和抗弯曲能力。

（2）加载预压法施工质量控制要点

1）检查砂袋放入孔内高出孔口的高度不宜小于200 mm，以利于排水砂井和砂垫层形成垂直水平排水通道。

2）检查砂井的实际灌砂量应不小于砂井计算灌砂量的95%，砂井计算灌砂的原则是按井孔的体积和砂在中密时的干密度计算。

3）袋装砂井或塑料排水带施工时，平面井距偏差应不大于井径，垂直度偏差应小于1.5%，拔管时被管子带上来的砂袋或塑料排水板的长度不得超过500 mm。塑料排水带需要接长时，应采用滤膜内芯板平搭接的连接方式，搭接长度宜大于200 mm。

4）严格控制加载速率，竖向变形每天不应超过10 mm，边桩水平位移每天不应超过4 mm。

（二）真空预压法

（1）真空预压法施工技术要求

1）抽真空用密封膜应为抗老化性能好、韧性强、抗穿刺能力强的不透气材料；

2）真空预压用的抽气设备宜采用射流真空泵，空抽时必须达到95 kPa以上的真空吸力；

3）滤水管的材料应用塑料管和钢管，管的连接采用柔性接头，以适应预压过程地基的变形。

(2) 真空预压法施工质量控制要点

1) 垂直排水系统要求同加载预压法;

2) 水平向排水的滤水管布置应形成回路，并把滤水管设在排水砂垫层中，其上覆盖 100~200 mm 厚砂;

3) 滤水管外宜围绕钢丝或尼龙纱或土工织物等滤水材料，保证滤水能力;

4) 密封膜热合黏结时用两条膜的热合黏结缝平搭接，搭接宽度大于 15 mm;

5) 密封膜宜铺三层，覆盖膜周边要严密封堵;

6) 为避免密封膜内的真空度在停泵后很快降低，应在真空管路中设置止回阀和闸阀;

7) 为防止密封膜被锐物刺破，在铺密封膜前，要认真清理平整砂垫层，拣除贝壳和带尖角石子，填平打袋装砂井或塑料排水板留下的空洞;

8) 真空度可一次抽气至最大，当接连五天实测沉降速率≤2 mm/d 时，可停止抽气。

三、振冲法

振冲法分为振冲置换法和振冲密实法两类。

(一) 振冲置换法

(1) 振冲置换法施工技术要求

1) 材料要求：置换桩体材料可选用含泥量不大于 5% 的碎石、卵石、角砾、圆砾等硬质材料，粒径为 20~50 mm，最大粒径不宜超过 80 mm;

2) 施工设备要求：振冲器的功率为 30 kW，用 55~75 kW 更好。

(2) 振冲置换法施工质量控制要点

1) 振冲置换施工质量三参数：密实电流、填料量、留振时间应通过现场成桩试验确定。施工过程中要严格按施工三参数执行，并做好详细记录。

2) 施工质量监督要严格检查每米填料的数量，达到密实电流值。振冲达到密实电流时，要保证留振数十秒后才能提升振冲器继续施工上段桩体，留振是防止瞬间电流时桩体密实假象的措施。

3) 开挖施工时，应将桩顶的松散桩体挖除，或用碾压等方法使桩顶松散填实，防止因桩顶松散而发生附加沉降。

(二) 振冲密实法

振冲密实法的材料和设备要求同振冲置换法，振冲密实法又分填料和不填料两种。施工质量控制要点如下:

(1) 填实法是把填料放在孔口，振冲点上要放钢护筒护好孔口，振冲器对准护筒中心，使桩中心不偏斜。

(2) 振冲器下沉速率控制在 1~2 mm/min 范围内。

(3) 每段填实密实后，振冲器向上提 0.3~0.5 m 即可，提得过高影响密实效果。

(4) 不加填料的振冲密实法用于砂层中，每次上提振冲器高度不能大于 0.3~0.5 m。

(5) 详细记录各深度的最终电流值、填料量，不加填料的记录各深度留振时间和稳定密实电流值。

(6) 加料或不加料振冲密实加固均应通过现场成桩试验确定施工参数。

四、深层搅拌法

深层搅拌法有湿法和干法两种施工方法。

（一）深层搅拌法施工技术要求

（1）软土的固化剂

一般选用32.5强度等级普通硅酸盐水泥，水泥的掺入量一般为被加固湿土重的10%～15%。

（2）外掺剂

湿法施工用早强剂、减水剂、缓凝早强剂。

早强剂：可选用三乙醇胺、氯化钙、碳酸钠或水玻璃等，掺入量宜分别取水泥重量的0.05%、2%、0.5%、2%；

减水剂：选用木质素磺酸钙，其掺入量宜取水泥重量的0.2%；

缓凝早强剂：石膏兼有缓凝和早强作用，其掺入量宜取水泥重量的2%。

（3）施工设备要求

为使搅入土中水泥浆和喷入土中水泥粉体计量准确，湿法施工的深层搅拌机必须安装输入浆液计量装置。干法施工的粉喷桩机必须安装粉体喷出流量计，无计量装置的机械不能投入施工生产使用。

（二）深层搅拌法施工质量控制要点

（1）湿、干法施工都必须做工艺试桩，把灰浆泵（喷粉泵）的输浆（粉）量和搅拌机提升速度等施工参数通过成桩试验使之符合设计要求，以确定搅拌桩的水泥浆配合比、每分钟输浆（粉）量及每分钟搅拌头提升速度等施工参数，以决定选用一喷二搅或二喷三搅施工工艺。

（2）为了保证桩端的质量，当水泥浆液或粉体达到桩端设计标高后，搅拌头停止提升，喷浆或喷粉30 s，使浆液或粉体与已搅拌的松土充分搅拌固结。

（3）水泥土搅拌桩作为工程桩使用时，施工时设计停灰面一般应高出基础底面标高300～500 mm（基础埋深大用300 mm，基础埋深小用500 mm），在基础开挖时把它挖除。

（4）为了保证桩顶质量，当喷浆（粉）口到达桩顶标高时，搅拌头停止提升，搅拌数秒，保证桩头均匀密实。当选用干法施工且地下水位标高在桩顶以下时，粉喷制桩结束后，应在地面浇水，使水泥干粉与土搅拌后水解水化反应充分。

五、高压喷射注浆法

（一）高压喷射注浆法施工技术要求

旋喷使用的水泥应采用新鲜无结块32.5级普通水泥，一般浆液灰水比为1～1.5，稠度过大，流动缓慢，喷嘴容易堵塞，稠度过小，对强度有影响。为防止浆液沉淀和离析，一般可加入水泥用量3%的陶土、0.9%的碱。浆液应在旋喷前1 h以内配制，使用时滤去硬块、砂石等，以免堵塞管路喷嘴。

（二）高压喷射注浆法施工质量控制

（1）为防止浆液凝固收缩影响桩顶高程，应在原孔位采用冒浆回灌或二次注浆。

（2）注浆管分段提升搭接长度不得小于100 mm。

（3）当处理和加固既有建筑物时，要加强对原有建筑物的沉降观测，高压旋喷注浆过程中要大间距离孔旋喷和及时用冒浆回灌，防止地基与基础之间有脱空现象而产生附加沉降。

第三节　桩 基 工 程

桩基础按施工方法的不同可分为灌注桩、预制桩。

一、灌注桩施工

（一）灌注桩施工材料要求

（1）粗骨料　选用卵石或碎石，含泥量控制按设计混凝土强度等级从《普通混凝土用碎石或卵石质量标准及检验方法》JGJ 53—92 中选取。粗骨料粒径用沉管成孔时不宜大于 50 mm；用泥浆护壁成孔时粗骨料粒径不宜大于 40 mm；并不得大于钢筋间最小净距的 1/3；对于素混凝土灌注桩，不得大于桩径的 1/4，并不宜大于 70 mm。

（2）细骨料　选用中、粗砂，含泥量控制按设计混凝土强度等级从《普通混凝土用砂质量标准及检验方法》JGJ 52—92 中选取。

（3）水泥　宜选用普通硅酸盐水泥、矿渣硅酸盐水泥、粉煤灰硅酸盐水泥，当灌注桩浇筑方式为水下混凝土时，严禁选用快硬水泥作胶凝材料。

（4）钢筋　钢筋的质量应符合国家标准《钢筋混凝土用热扎带肋钢筋》（GB 1499—98）的有关规定。进口热扎变形钢筋应符合《进口热扎变形钢筋应用若干规定》的有关规定。

以上四种材料进场时均应有出厂质量证明书，材料到达施工现场后，取样复试合格后才能投入使用。对于钢筋进场时应保证标牌不缺损，按标牌批号进行外观检验，外观检验合格后再取样复试，复试报告上应填明批号标识，施工现场核对批号标识进行加工。

（二）灌注桩施工质量控制要点

（1）灌注桩钢筋笼制作质量控制

1）主筋净距必须大于混凝土粗骨料粒径 3 倍以上，当因设计含钢量大而不能满足时，应通过设计调整钢筋直径加大主筋之间净距，以确保混凝土灌注时达到密实的要求。

2）加劲箍宜设在主筋外侧，主筋不设弯钩，必须设弯钩时，弯钩不得向内圆伸露，以免钩住灌注导管，妨碍导管正常工作。

3）钢筋笼的内径应比导管接头处的外径大 100 mm 以上。

4）分节制作的钢筋笼，主筋接头宜用焊接，由于在灌注桩孔口进行焊接只能做单面焊，搭接长度按 $10d$ 留足。

5）沉放钢筋笼前，在预制笼上套上或焊上主筋保护层垫块或耳环，使主筋保护层偏差符合以下规定：

①水下灌注混凝土桩　±20 mm；

②非水下灌注混凝土桩　±10 mm。

（2）泥浆护壁成孔灌注桩施工质量控制

1）泥浆制备和处理的施工质量控制：

①制备泥浆的性能指标按质量验收规范执行。

②一般地区施工期间护筒内的泥浆面应高出地下水位 1.0 m 以上，在受潮水涨落影响地区施工时，泥浆面应高出最高水位 1.5 m 以上。以上数据应记入开孔通知单或钻井班报表中。

③在清孔过程中，要不断置换泥浆，直至灌注水下混凝土时才能停止置换，以保证已清好符合沉渣厚度要求的孔底沉渣不应由于泥浆静止渣土下沉而导致孔底实际沉渣厚度超标的弊病。

④灌注混凝土前，孔底 500 mm 以内的泥浆比重应小于 1.25；含砂率≤8%；黏度≤28 s。

2）正反循环钻孔灌注桩施工质量控制：

①孔深大于 30 mm 的端承型桩，钻孔机具工艺选择时宜用反循环工艺成孔或清孔。

②为了保证钻孔的垂直度，钻机应设置导向装置。潜水钻的钻头上应有不小于 3 倍钻头直径长度的导向装置，利用钻杆加压的正循环回转钻机，在钻具中应加设扶正器。

③钻孔达到设计深度后，清孔应符合下列规定：

端承桩≤50 mm；

摩擦端承桩，端承摩擦桩≤100 mm；

摩擦桩≤300 mm。

3）水下混凝土灌注施工质量控制：

①水下混凝土配制的强度等级应有一定的余量，能保证水下灌注混凝土强度等级符合设计强度的要求（并非在标准条件下养护的试块达到设计强度等级即判定符合设计要求）。

②水下混凝土必须具备良好的和易性，坍落度宜为 180 ~ 220 mm，水泥用量不得少于 360 kg/m^3。

③水下混凝土的含砂率宜控制在 40% ~ 45%，粗骨料粒径应 <40 mm。

④导管使用前应试拼装、试压，试水压力取 0.6 ~ 1.0 MPa。防止导管渗漏发生堵管现象。

⑤隔水栓应有良好的隔水性能，并能使隔水栓顺利从导管中排出，保证水下混凝土灌注成功。

⑥用于储存混凝土的初灌斗的容量，必须满足第一斗混凝土灌下后能使导管一次埋入混凝土面以下 0.8 m 以上。

⑦灌注水下混凝土时应有专人测量导管内外混凝土面标高，保证混凝土在埋管 2 ~ 6 m深时，才允许提升导管。当选用吊车提拔导管时，必须严格控制导管提拔时导管离开混凝土面的可能，避免发生断桩事故。

⑧严格控制浮桩标高，凿除泛浆高度后必须保证暴露的桩顶混凝土达到设计强度值。

⑨详细填写水下混凝土灌注记录。

二、预制桩施工

（一）混凝土预制桩施工

（1）预制桩钢筋骨架质量控制

1）预制桩在锤击时，桩主筋可采用对焊或电弧焊，在对焊和电弧焊时同一截面的主筋接头不得超过 50%，相邻主筋接头截面的距离应大于 35d 且不小于 50 mm。

2）为了防止桩顶击碎，桩顶钢筋网片位置要严格控制按图施工，并采取措施使网片位置固定正确、牢固，保证混凝土浇捣时不移位。浇筑预制桩的混凝土时，从桩顶开始浇筑，要保证桩顶和桩尖不积聚过多的砂浆。

3）为防止锤击时桩身出现纵向裂缝，导致桩身击碎被迫停锤，预制桩钢筋骨架中主筋距桩顶的距离必须严格控制，绝不允许出现主筋距桩顶面过近甚至触及桩顶的质量问题。

4）预制桩分节长度的确定，应在掌握地层土质的情况下，决定分节桩长度时要避开桩尖接近硬持力层或桩尖处于硬持力层中接桩。因为桩尖停在硬层内接桩，电焊接桩耗时长，桩周摩阻得到恢复，使继续沉桩发生困难。

5）根据许多工程的实践经验，凡龄期和强度都达到的预制桩，大都能顺利打入土中，很少打裂。沉桩应做到强度和龄期双控制。

（2）混凝土预制桩的起吊、运输和堆存质量控制

1）预制桩达到设计强度70%方可起吊，达到100%才能运输。

2）桩水平运输，应用于运输车辆，严禁在场地上直接拖拉桩身。

3）垫木和吊点应保持在同一横断面上，且各层垫木上下对齐，防止垫木参差造成桩被剪切断裂。

（3）混凝土预制桩接桩施工质量控制

1）硫磺胶泥锚接法仅适用于软土层，管理和操作要求较严。一级建筑桩基或承受拔力的桩应慎用。

2）焊接接桩材料：钢板宜用低碳钢，焊条宜用E43；焊条使用前必须经过烘焙，降低烧焊时含氢量，防止焊缝产生气孔而降低其强度和韧性；焊条烘焙应有记录。

3）焊接接桩时，应先将四角点焊固定，焊接必须对称进行，以保证设计尺寸正确，使上下节桩对中好。

（4）混凝土预制桩沉桩质量控制

1）沉桩顺序是打桩施工方案的一项十分重要的内容，施工企业应认真对待，预防桩位偏移、上拔、地面隆起过多，邻近建筑物破坏等事故发生。

2）桩停止锤击的控制原则如下：

①桩端（指桩的全断面）位于一般土层时，以控制桩端设计标高为主，贯入度为参考；

②桩端达到坚硬、硬塑的黏性土，中密以上粉土、砂土、碎石类土、风化岩时，以贯入度控制为主，桩端标高可作参考；

③贯入度已达到而桩端标高未达到时，应连续锤击3阵，按每阵10击的贯入度不大于设计规定的数值加以确认，必要时施工控制贯入度应通过试验与有关单位会商确定；

④当遇到贯入度剧变，桩身突然发生倾斜、移位或有严重回弹，桩顶或桩身出现严重裂缝、破碎等情况时，应暂停打桩，并分析原因，采取相应措施。

3）为避免或减少沉桩挤土效应和对邻近建筑物、地下管线的影响，在施打大面积密集桩群时，应采取预钻孔，设置袋装砂井或塑料排水板，消除部分超孔隙水压力以减少挤土现象，设置隔离板桩或地下连续墙、开挖地面防振沟以消除部分地面振动等辅助措施。

不论采取一种或多种措施，在沉桩前应对周围建筑、管线进行原始状态观测数据记录，在沉桩过程应加强观测和监护，每天在监测数据的指导下进行沉桩，做到有备无患。

4）锤击法沉桩和静压法沉桩同样有挤土效应，导致孔隙水压力增加，而发生土体隆起，相邻建筑物破坏等，为此在选用静压法沉桩时仍然应采用辅助措施消除超孔隙水压力和挤土等破坏现象，并加强监测采取预防。

5）插桩是保证桩位正确和桩身垂直度的重要开端，插桩应用两台经纬仪两个方向来控制插桩的垂直度，并应逐桩记录，以备核对查验。

（二）钢桩施工

（1）钢桩（钢管桩、H 型钢桩及其他异型钢桩）制作施工质量控制

1）材料要求：

①国产低碳钢（Q235 钢）。加工前必须具备钢材合格证和试验报告。

②进口钢管。在钢桩到港后，由商检局做抽样检验，检查钢材化学成分和机械性能是否满足合同文本要求，加工制作单位在收到商检报告后才能加工。

2）加工要求：

①钢桩制作偏差应满足质量验收规范的规定。

②钢桩制作分两部分完成：

a．加工厂制作均为定尺钢桩，定尺钢桩进场后应逐根检查在运输和堆放过程中桩身有否局部变形，变形的应予纠正或割除，检查应留下记录。

b. 现场整根桩的焊接组合，设计桩的尺寸不一定是定尺桩的组合，多数情况下，最后一节是非定尺桩，这就要进行切割，要对切割后的节段和拼装后的桩进行外形尺寸检验，合格后才能沉桩。检验应留有记录。

3）防腐要求：地下水有侵蚀性的地区或腐蚀性土层中用的钢桩，沉桩前必须按设计要求做好防腐处理。

（2）钢桩焊接施工质量控制

1）焊丝或焊条应有出厂合格证，焊接前必须在 200～300 ℃温度下烘干 2 h，避免焊丝不干，引起烧焊时含氢量高，使焊缝容易产生气孔而降低强度和韧性，烘干应留有记录。

2）焊接质量受天气影响很大，雨云天气，在烧焊时，由于水分蒸发，含有大量氢气混入焊缝内形成气孔；风速大于 10 m/s 时会使自保护气体和电弧火焰不稳定。无防风、避雨措施，在雨云或刮风天气不能施工。

3）焊接质量检验：

①按规定进行接桩焊缝外观允许偏差检查。

②按规定进行超声波或拍片检查。

4）异型钢桩连接加强处理：H 型钢桩或其他异型薄壁钢桩，应按设计要求在接头处加连接板，如设计无规定形式，可按等强度设置，防止沉桩时在刚度小的一侧失稳。

（3）钢桩沉桩施工质量控制

1）混凝土预制桩沉桩质量控制要点均适用于钢桩施工。

2）H 型钢桩沉桩时为防止横向失稳，锤重不宜大于 4.5 t 大级（柴油锤），且在锤击过程中桩架前应有横向约束装置。

第四节　基 础 工 程

一、刚性基础施工

刚性基础是指用砖、石、混凝土、灰土、三合土等材料建造的基础，这种基础的特点是抗压性能好，而整体性、抗拉、抗弯、抗剪性能差。它适宜于地基坚实、均匀、上部荷载较小，六层和六层以下（三合土基础不宜超过四层）的一般民用建筑和墙承重的轻型厂房。

（一）混凝土基础施工质量控制要点

（1）施工质量控制要点

1）基槽（坑）应进行验槽，局部软弱土层应挖去，用灰土或砂砾石分层回填夯实至与基底相平。如有地下水或地面积水，应挖沟排除。基槽（坑）内浮土、积水、淤泥、垃圾、杂物应清除干净。

2）如地基土质良好，且无地下水，基槽（坑）第一阶可利用原槽（坑）浇筑，但应保证尺寸正确，砂浆不流失。上部台阶应支模浇筑，模板要支撑牢固，缝隙孔洞应堵严，木模应浇水湿润。

3）基础混凝土浇筑高度在 2 m 以内，混凝土可直接卸入基槽（坑）内，应注意使混凝土能充满边角。浇筑高度在 2 m 以上时，应通过漏斗、串筒或溜槽下料。

4）浇筑台阶式基础应按台阶分层一次浇筑完成，每层先浇边角，后浇中间，施工时应注意防止上下台阶交接处混凝土出现蜂窝和脱空（即吊脚、烂脖子）现象。措施是待第一台阶捣实后，继续浇筑第二台阶前，先沿第二台阶模板底圈做成内外坡度，待第二台阶混凝土浇筑完后，再将第一台阶混凝土铲平、拍实、拍平；或第一台阶混凝土浇完后稍停 0.5 ~ 1 h，待下部沉实，再浇上一台阶。

5）锥形基础如斜坡较陡，斜面部分应支模浇筑，或随浇随安装模板，应注意防止模板上浮。斜坡较平时，可不支模，但应注意斜坡部位有边角部位混凝土的捣固密实，振捣完后，再用人工将斜坡表面修正、拍平、拍实。

6）当基槽（坑）因土质不一挖成阶梯形式时，应先从最低处开始浇筑，按每阶高度，其各边搭接长度应不小于 500 mm。

7）混凝土浇筑完后，外露部分应适当覆盖，洒水养护。拆模后及时分层回填土方并夯实。

（2）质保资料检查要求

1）混凝土配合比；

2）掺合料、外加剂的合格证明书、复试报告；

3）试块强度报告；

4）施工日记；

5）混凝土质量自检记录；

6）隐蔽工程验收记录；

7）混凝土分项工程质量验收记录表。

（二）砖基础施工质量控制

（1）施工质量控制要点

1）砖基础应用强度等级不低于 MU7.5、无裂缝的砖和不低于 M10 的砂浆砌筑。在严寒地区，应采用高强度等级的砖和水泥砂浆砌筑。

2）砖基础一般做成阶梯形，俗称大放脚。大放脚做法有等高式（两皮一收）或间隔式（两皮一收和一皮一收相间）两种，每一种收退台宽度均为 1/4 砖，后者节省材料，采用较多。

3）砖基础施工前应清理基槽（坑）底，除去松散软弱土层，用灰土填补夯实，并铺设垫层；按基础大样图，吊线分中，弹出中心线和大放脚边线；检查垫层标高、轴线尺寸，并清理好垫层；先用干砖试摆，以确定排砖方法和错缝位置，使砌体平面尺寸符合要求；砖应浇水湿透，垫层适量洒水湿润。

4）砌筑时，应先铺底灰，再分皮挂线砌筑。铺砖按“一丁一顺”砌法，做到里外咬槎上下层错缝。竖缝至少错开 1/4 砖长，转角处要放七分头砖，并在山墙和檐墙两处分层交替设置，不能同缝，基础最下与最上一皮砖宜采用丁砌法。先在转角处及交接处砌几皮砖，然后拉通线砌筑。

5）内外墙基础应同时砌筑或做成踏步式。如基础深浅不一时，应从低处砌起，接槎高度不宜超过 1 m，高低相接处要砌成阶梯，台阶长度应不小于 1 m，其高度不大于 0.5 m，砌到上面后再和上面的砖一起退台。

6）如砖基础下半部为灰土时，则灰土部分不做台阶，其宽高比应按要求控制，同时应核算灰土顶面的压应力，以不超过 250～300 kPa 为宜。

7）砌筑时，灰缝砂浆要饱满，严禁用冲浆法灌缝。

8）基础中预留洞口及预埋管道，其位置、标高应准确，管道上部应预留沉降空隙。基础上铺放的沟盖板的出檐砖，应同时砌筑。

9）基础砌至防潮层时，须用水平仪找平，并按规定铺设 20 mm 厚、1∶2.5～1∶3.0 防水水泥砂浆（掺加水泥重量 3% 的防水剂）防潮层，要求压实抹平。用一油一毡防潮层，待找平层干硬后，刷冷底油一道，浇沥青玛琋脂，摊铺卷材并压紧，卷材搭接宽度不少于 100 mm。

10）砌完基础应及时清理基槽（坑）内杂物和积水，在两侧同时回填土，并分层夯实。

（2）质保资料检查要求

1）材料合格证及试验报告、水泥复试报告；

2）砂浆试块强度报告；

3）砂浆配合比；

4）施工日记；

5）自检记录；

6）砌筑分项工程质量验收记录表。

二、扩展基础施工

扩展基础，是指柱下钢筋混凝土独立基础和墙下混凝土条形基础，它由于钢筋混凝土的抗弯性能好，可充分放大基础底面尺寸，达到减小地基应力的效果，同时可有效地减小埋深，节省材料和土方开挖量，加快工程进度。适用于六层和六层以下一般民用建筑和整体式结构厂房承重的柱基和墙基。柱下独立基础，当柱荷载的偏心距不大时，常用方形，偏心距大时，则用矩形。

（1）基坑验槽清理同刚性基础。垫层混凝土在基坑验槽后应立即浇筑，以免地基土被扰动。

（2）垫层达到一定强度后，在其上划线、支模、铺放钢筋网片。上下部垂直钢筋应绑扎牢，并注意将钢筋弯钩朝上，连接柱的插筋，下端要用90°弯钩与基础钢筋绑扎牢固，按轴线位置校核后用方木架成“井”字形，将插筋固定在基础外模板上。底部钢筋网片应用与混凝土保护层同厚度的水泥砂浆垫塞，以保证位置正确。

（3）在浇筑混凝土前，模板和钢筋上的垃圾、泥土和钢筋上的油污杂物，应消除干净。模板应浇水加以润湿。

（4）浇筑柱下基础时，应特别注意柱子插筋位置的正确，防止造成位移和倾斜，在浇筑开始时，先满铺一层5~10 cm厚的混凝土，并捣实使柱子插筋下段和钢筋网片的位置基本固定，然后再对称浇筑。

（5）基础混凝土宜分层连续浇筑完成，对于阶梯形基础，每一台阶高度内应分层一次浇捣，每浇筑完一台阶应稍停0.5~1 h，待其初步沉实后，再浇筑上层，以防止下台阶混凝土溢出，在上台阶根部出现烂脖子。每一台阶浇完，表面应随即将原浆抹平。

（6）对于锥形基础，应注意保持锥体斜面坡度的正确，斜面部分的模板应随混凝土浇捣分段支设，以防模板上浮变形，边角处的混凝土必须注意捣实。严禁斜面部分不支模，用铁锹拍实。基础上部柱子后施工时，可在上部水平面留设施工缝。施工缝的处理应按有关规定执行。

（7）条形基础应根据高度分段分层连续浇筑，一般不留施工缝，各段各层间应相互衔接，每段长2~3 m，做到逐段逐层呈阶梯形推进。浇筑时应先使混凝土充满模板内边角，然后浇筑中间部分，以保证混凝土密实。

（8）基础上插筋时，要加以固定保证插筋位置的正确，防止浇捣混凝土时发生移位。

（9）混凝土浇筑完毕，外露表面应覆盖浇水养护。

（10）质保资料检查要求：

1）混凝土配合比；

2）掺合料、外加剂的合格证明书、复式报告；

3）试块强度报告；

4）施工日记；

5）混凝土质量自检记录；

6）隐蔽工程验收记录；

7）混凝土分项工程质量验收记录表。

三、杯形基础施工

杯形基础形式有杯口、双杯口、高杯口钢筋混凝土基础等，接头采用细石混凝土灌浆。杯形基础主要用做工业厂房装配式钢筋混凝土柱基础。

（1）杯口模板可用木或钢定型模板，可做成整体，也可做成两半形式，中间各加楔形板一块，拆模时，先取出楔形板然后分别将两半杯口模取出。为便于周转宜做成工具式，支模时杯口模板要固定牢固。

（2）混凝土应按台阶分层浇筑。对杯口基础的高台阶部分按整体分层浇筑，不留施工缝。

（3）浇捣杯口混凝土时，应注意杯口的位置，由于模板仅上端固定，浇捣混凝土时，四侧应对称均匀下灰，避免将杯口模板挤向一侧。

（4）杯形基础一般在杯底均留有 50 mm 厚的细石混凝土找平层，在浇筑基础混凝土时，要仔细控制标高，如用无底式杯口模板施工，应先将杯底混凝土振实，然后浇筑杯口四周的混凝土，此时宜采用低流动性混凝土，或杯底混凝土浇完后停 0.5 ~ 1 h，待混凝土沉实再浇杯口四周混凝土等办法，避免混凝土从杯底挤出，造成蜂窝麻面。基础浇筑完毕后，将杯口底冒出少量混凝土掏出，使其与杯口模板压紧，杯底混凝土振捣密实，并加强检查，以防止杯口模板上浮。基础浇捣完毕，混凝土终凝后用倒链将杯口模板取出，并将杯口内侧表面混凝土划（凿）毛。

（5）施工高杯口基础时，由于最上层台阶较高，可采用后安装杯口模板的方法施工，即当混凝土浇捣接近杯口底时，再安装固定杯口模板，继续浇筑杯口四侧混凝土，但应注意位置标高正确。

（6）其他施工监督要点同扩展基础。

（7）质保资料检查要求

1）混凝土配合比；

2）掺合料、外加剂的合格证明书、复试报告；

3）试块强度报告；

4）施工日记；

5）混凝土质量自检记录；

6）隐蔽工程验收记录；

7）混凝土分项工程质量验收记录表。

四、筏形基础施工

筏形基础由整块式钢筋混凝土平板或板与梁等组成，它的外形和构造像倒置的钢筋混凝土平面无梁楼盖或肋形楼盖，分为平板式和梁板式两类。前者一般在荷载不很大，柱网较均匀，且间距较小的情况下采用，后者用于荷载较大的情况。由于筏形基础扩大了基底面积，增强了基础的整体性，抗弯刚度大，可调整建筑物局部发生显著的不均匀沉降。适用于地基土质软弱又不均匀（或筑有人工垫层软弱地基）、有地下水或当柱子或承重墙传来的荷载很大的情况，或建造六层及六层以下横墙较密的民用建筑。

（1）地基开挖

如有地下水，应采用人工降低地下水位至基坑底 50 cm 以下部位，保持在无水的情况下进行土方开挖和基础结构施工。

（2）基坑土方开挖

应注意保持基坑底土的原状结构，如采用机械开挖时，基坑底面以上 20 ~ 30 cm 厚的土层，应采用人工清除，避免超挖或破坏基土。如局部有软弱土层或超控，应进行换填，采用与地基土压缩性相近的材料进行分层回填，并夯实。基坑开挖应连续进行，如基坑挖好后不能立即进行下一道工序，应在基底以上留置 150 ~ 200 mm 厚土层不挖，待下道工序施工时再挖至设计基坑底标高，以免基土被扰动。

（3）筏形基础施工

可根据结构情况和施工具体条件及要求采用以下两种方法之一：

1）先在垫层上绑扎底板梁的钢筋和上部柱插筋，先浇筑底板混凝土，待达到 25% 以上强度后，再在底板上支梁侧模板，浇筑完梁部分混凝土。

2）采取底板和梁钢筋、模板一次同时支好，梁侧模板用混凝土支墩或钢支脚支承，并固定牢固，混凝土一次连续浇筑完成。

（4）当筏形基础长度很长（40 m 以上）时，应考虑在中部适当部位留设贯通后浇带，以避免出现温度收缩裂缝和便于进行施工分段流水作业，对超厚的筏形基础应考虑采取降低水泥水化热和浇筑入模温度措施，以避免出现大的温度收缩应力，导致基础底板裂缝。

（5）基础浇筑完毕，表面应覆盖和晒水养护，并不少于 7 d，必要时应采取保温养护措施，并防止浸泡地基。

（6）在基础底板埋设好沉降观测点，定期进行观测、分析，做好记录。

（7）质保资料检查要求：

1）混凝土配合比；

2）掺合料、外加剂的合格证明书、复试报告；

3）试块强度报告；

4）施工日记；

5）混凝土质量自检记录；

6）隐蔽工程验收记录；

7）混凝土分项工程质量验收记录表。

复习思考题

1. 简述换填法施工质量控制要点。
2. 振冲置换法有哪些施工技术要求？
3. 简述深层搅拌法的施工质量控制要点。
4. 灌注桩施工中如何进行水下混凝土灌注施工质量控制？
5. 如何进行混凝土预制桩沉桩的质量控制？
6. 简述砖基础施工质量控制要点。
7. 简述筏形基础质量控制要点。

第五章 砌体工程质量控制

第一节 砌筑砂浆

砌筑砂浆按组成材料不同分为：水泥砂浆与水泥混合砂浆；按拌制方式不同分为：现场拌制砂浆与干拌砂浆（即工厂内将水泥、钙质消石灰粉、砂、掺加料及外加剂按一定比例干混合制成，现场仅加水机械拌和即成）。

一般砌筑砂浆的强度分为：M2.5、M5、M7.5、M10 和 M15 五个等级；干拌砌筑砂浆与预拌砌筑砂浆的强度分为：M5、M7.5、M10、M15、M20、M25、M30 七个等级。

一、材料质量要求

（一）水泥

（1）水泥进场使用前，应分批对其强度、安定性进行复验。

检验批应以同一生产厂家、同一编号为一批。

当在使用中对水泥质量有怀疑或水泥出厂超过 3 个月（快硬硅酸盐水泥超过一个月）时，应复查试验，并按其结果使用。

（2）水泥进场后，应按不同品种和强度等级分级贮存，不得混杂、不得受潮。复验的要按复验结果使用。不同品种的水泥，不得混合使用。

（3）水泥的强度等级应根据设计要求进行选择。水泥砂浆采用的水泥，其强度等级不宜大于 32.5 级，水泥混合砂浆采用的水泥，其强度等级不宜大于 42.5 级。

（二）砂

用于砖砌体的砌筑砂浆宜选用中砂并应过筛，不得含有草根和杂物。砂的含泥量应满足下列要求：

（1）对水泥砂浆和强度等级不小于 M5 的水泥混合砂浆，含泥量不应超过 5%。

（2）对强度等级小于 M5 的水泥混合砂浆，不应超过 10%。

（3）人工砂、山砂及特细砂，经试配能满足砌筑砂浆技术条件时，含泥量可适当放宽。

（三）掺合料

（1）配制水泥石灰砂浆时，不得使用脱水硬化的石灰膏；生石灰熟化成石灰膏时，应用孔径不大于 3 mm×3 mm 的网过滤，熟化时间不得少于 7 d；磨细生石灰粉的熟化时间不得少于 2 d。沉淀池中贮存的石灰膏，应采取防止干燥、冻结和污染的措施。

（2）采用黏土或亚黏土制备黏土膏时，宜用搅拌机加水搅拌，通过孔径不大于 3 mm×3 mm的网过筛。用比色法鉴定黏土中的有机物含量时应浅于标准色。

（3）制作电石膏的电石渣，应用孔径不大于 3 mm×3 mm 的网过筛，检验时应加热至 70 ℃并保持 20 min，没有乙炔气味后，方可使用。

石灰膏、黏土膏和电石膏试配时的稠度，应为 120 mm±5 mm。

消石灰粉不得直接用于砌筑砂浆中。

（4）粉煤灰的品质指标和磨细生石灰的品质指标应符合国家标准《用于水泥和混凝土中的粉煤灰》（GB 1596）及行业标准《建筑生石灰粉》JC/T 480 的要求。

（四）水

拌制砂浆用水，其水质应符合行业标准《混凝土拌合用水标准》（JGJ 63）的规定。

（五）外加剂

凡在砂浆中掺入有机塑化剂、早强剂、缓凝剂、防冻剂等，应经检验和试配符合要求后，方可使用。有机塑化剂还应做砌体强度的形式检验。例如用微沫剂替代石灰膏制作混合砂浆时，砌体抗压强度较同强度等级的混合砂浆砌筑的砌体的抗压强度降低 10% 左右。

二、砂浆的拌制和使用

（一）砂浆的拌制

（1）砂浆的品种、强度等级应满足设计要求。

（2）砂浆的配合比应根据原材料的性能、砂浆的技术要求及施工水平经试配后确定。如砂浆的组成材料有变化时，其配合比应重新试验确定。如用水泥砂浆代替同强度的水泥混合砂浆，或在水泥混合砂浆中掺入有机塑化剂时，应考虑砌体抗压强度降低的不利影响，其配合比应重新确定。

（3）砂浆的配合比应用重量比。石灰膏、黏土膏、电石膏等湿料使用时的用量，应按试配时的稠度予以调整。砂的含水量应计入水的重量中，砂的含水率应随时测定，并及时调整砂的用量。混合砂浆中的用水量，不包括石灰膏中的水。

原材料按重量计量，允许偏差不得超过表 5-1 的规定。

表 5-1　砂浆原材料计量允许偏差

原材料品种	水泥	砂	水	外加剂	掺合料
允许偏差/%	±2	±3	±2	±2	±2

（4）砌筑砂浆应采用机械搅拌，自投料完算起，搅拌时间应符合下列规定：

1）水泥砂浆和水泥混合砂浆不得少于 2 min；

2）水泥粉煤灰砂浆和掺用外加剂的砂浆不得少于 3 min；

3）掺用有机塑化剂的砂浆，应为 3～5 min。

（5）砂浆的稠度应符合表 5-2 的规定。

表 5-2　砌筑砂浆的稠度

砌体种类	砂浆稠度/mm	砌体种类	砂浆稠度/mm
烧结普通砖砌体	70～90	烧结普通砖平拱式过梁空斗墙，筒拱 普通混凝土小型空心砌块砌体 加气混凝土砌块砌体	50～70
轻骨料混凝土小型空心砌块砌体	60～90	石砌体	30～50
烧结多孔砖，空心砖砌体	60～80		

注：雨天施工时可取下限，炎热、干燥环境可取上限。

（6）砂浆的分层度不得大于 30 mm。

（7）水泥砂浆中水泥用量不应小于 200 kg/m^3，水泥混合砂浆中水泥和掺合料总量宜为 300 ~ 350 kg/m^3。

（8）具有冻融循环次数要求的砌筑砂浆，经冻融试验后，质量损失率不得大于 5%，抗压强度损失率不得大于 25%。

（二）砂浆的使用

（1）砂浆拌制后使用时，应盛入贮灰器中。当出现泌水现象，应在砌筑前再次拌和。

（2）砂浆应随拌随用，水泥砂浆和水泥混合砂浆应分别在 3 h 和 4 h 内使用完毕。当施工期间最高气温超过 30 ℃时，应分别在拌成后 2 h 和 3 h 内使用完毕。

（3）预拌砌筑砂浆，根据掺入的保水增稠材料及缓凝剂的情况，必须在其规定的时间内用完，严禁使用超过凝结时间的砂浆。

（4）预拌砌筑砂浆运至现场后，必须储存在不吸水的密闭容器内，严禁在储存过程中加水。夏季应采取遮阳措施，冬季应采取保温措施，其储存环境温度宜控制在 0 ~ 37 ℃之间。

（5）水泥混合砂浆不得用于基础、地下及潮湿环境中的砌体工作。

三、砂浆试块的抽样及强度评定

原《建筑砂浆基本性能试验方法》JGJ/T70—90 已废止，新的《建筑砂浆基本性能试验方法》JGJ/T70—2009 自 2009 年 6 月 1 日开始实施。砂浆试块的抽样及强度评定与原标准已有较大的不同。

（一）取样

建筑砂浆试验用料应从同一盘砂浆或同一车砂浆中取样。取样量不应少于试验所需量的 4 倍。

当施工过程中进行砂浆试验时，砂浆取样方法应按相应的施工验收规范执行，并宜在现场搅拌点或预拌砂浆卸料点的至少 3 个不同部位及时取样。对于现场取得的试样，试验前应人工搅拌均匀。

（二）试件制作

（1）采用立方体试件，每组试件 3 个。

（2）试模：尺寸为 70.7mm × 70.7mm 的带底试模，材质应具有足够的刚度并拆装方便。试模的内表面应机械加工，其不平度应为每 100mm 不超过 0.05mm，组装后各相邻面的不垂直度不应超过 ±0.5°。

（3）应采用黄油等密封材料涂抹试模的外接缝，试模内应涂刷薄层机油或隔离剂。应将拌制好的砂浆一次性装满砂浆试模，成型方法应根据稠度而确定。当砂浆稠度大于 50mm 时，宜采用人工插捣成型，当稠度不大于 50mm 时，宜采用振动台振实成型。

1）人工插捣：应采用捣棒均匀地由边缘向中心按螺旋方式插捣 25 次，插捣过程中当砂浆沉落低于试模口时，应随时添加砂浆，可用油灰刀插捣数次，并用手将试模一边抬高 5 ~ 10mm 各振动 5 次，砂浆应高出试模顶面 6 ~ 8mm。

2）机械振动：将砂浆一次装满试模，放置到振动台上，振动时试模不得跳动，振动 5 ~ 10s 或持续到表面泛浆为止，不得过振。

应待表面水分稍干后，再将高出试模部分的砂浆沿试模顶面刮去并抹平。

（三）试件养护

试件制作后应在温度为 20 +5℃的环境下静置 24 ±2h，对试件进行编号、拆模。当气温较低时，或者凝结时间大于 24h 的砂浆，可适当延长时间，但不应超过 2d。试件拆模后应立即放入温度为 20 ±2℃，相对湿度为 90% 以上的标准养护室中养护。养护期间，试件彼此间隔不得小于 10mm，混合砂浆、湿拌砂浆试件上面应覆盖，防止有水滴在试件上。

从搅拌加水开始计时，标准养护龄期应为 28d，也可根据相关标准要求增加 7d 或 14d。

（四）砂浆立方体抗压强度计算

砂浆立方体抗压强度应按下式计算：

$$f_{m,cu} = k\frac{N_u}{A}$$

式中　$f_{m,cu}$——砂浆立方体试件抗压强度（MPa），应精确至 0.1MPa；

N_u——试件破坏荷载（N）；

A——试件承压面积（mm^2）；

k——换算系数，取 1.35。

立方体抗压强度试验的试验结果应按下列要求确定：

（1）应以三个试件测值的算术平均值作为该组试件的砂浆立方体抗压强度平均值（f_2），精确至 0.1 MPa。

（2）当三个测值的最大值或最小值中有一个与中间值的差值超过中间值的 15% 时，应把最大值及最小值一并舍去，取中间值作为该组试件的抗压强度值。

（3）当两个测值与中间值的差值均超过中间值的 15% 时，该组试验结果应为无效。

第二节　砖 砌 体 工 程

本节适用于烧结普通砖、多孔砖、蒸压灰砂砖、粉煤灰砖等砌体工程。

一、质量的一般要求

（1）砖的品种、强度等级必须符合设计要求，并应有产品合格证书和性能检测报告，进场后应进行复验，复验抽样数量为在同一生产厂家、同一品种、同一强度等级的普通砖 15 万块、多孔砖 5 万块、灰砂砖或粉煤灰砖 10 万块中各抽查 1 组。

（2）砌筑时蒸压灰砂砖、粉煤灰砖的产品龄期不得少于 28 d。

（3）用于清水墙、柱表面的砖，应边角整齐，色泽均匀。品质为优等品的砖适用于清水墙和墙体装修，一等品、合格品砖可用于混水墙，中等泛霜的砖不得用于潮湿部位，冻胀地区的地面或防潮层以下的砌体不宜采用多孔砖，水池、化粪池、窨井等不得采用多孔砖。粉煤灰用于基础或受冻融和干湿交替作用的建筑部位时，必须使用一等品或优等品砖。

（4）多雨地区砌筑外墙时，不宜将有裂缝的砖面砌在室外表面。

（5）用于砌体工程的钢筋品种、强度等级必须符合设计要求，并应有产品合格证书和性能检测报告，进场后应进行复验。

（6）设置在潮湿环境或有化学侵蚀性介质的环境中的砌体灰缝内的钢筋应采取防腐措施。如涂刷环氧树脂、镀锌、采用不锈钢筋等。

（7）砌体的日砌筑高度一般不宜超过一步脚手架高度（1.6 ~ 1.8 m），当遇到大风时，砌体的自由高度不得超过表5-3的规定。如超过表中限值时，必须采取临时支撑等技术措施。

表5-3 墙和柱的允许自由高度 单位：m

墙（柱）厚/mm	砌体密度 >1 600/［kg/m^3］			砌体密度 1 300 ~ 1 600/［kg/m^3］		
	风载/［kN/m^2］			风载/［kN/m^2］		
	0.3（约7级风）	0.4（约8级风）	0.5（约9级风）	0.3（约7级风）	0.4（约8级风）	0.5（约9级风）
190	—	—	—	1.4	1.1	0.7
240	2.8	2.1	1.4	2.2	1.7	1.1
370	5.2	3.9	2.6	4.2	3.2	2.1
490	8.6	6.5	4.3	7.0	5.2	3.5
620	14.0	10.5	7.0	11.4	8.6	5.7

注：1. 本表适用于施工处相对标高（H）在10 m范围内的情况。如10 m < H ≤ 15 m，15 m < H ≤ 20 m时，表中的允许自由高度应分别乘以0.9、0.8的系数；如 H > 20 m时，应通过抗倾覆验算确定其允许自由高度。

2. 当所砌筑的墙有横墙或其他结构与其连接，而且间距小于表列限值的2倍时，砌筑高度可不受本表的限制。

二、施工的质量控制要点

（一）标志板、皮数杆

建筑物的标高，应收入标准水准点或设计指定的水准点。基础施工前，应在建筑物的主要轴线部位设置标志板。标志板上应标明基础、墙身和轴线的位置及标高。外形或构造简单的建筑物，可用控制轴线的引桩代替标志板。

（1）砌筑前，弹好墙基大放脚外边沿线、墙身线、轴线、门窗洞口位置线，并必须用钢尺校核放线尺寸。

（2）按设计要求，在基础及墙身的转角及某些交接处立好皮数杆，其间距每隔10 ~ 15 m立一根，皮数杆上划有每皮砖和灰缝厚度及门窗洞口、过梁、楼板等竖向构造的变化位置，控制楼层及各部位构件的标高。砌筑完每一楼层（或基础）后，应校正砌体的轴线和标高。

（二）砌体工作段划分

（1）相邻工作段的分段位置，宜设在伸缩缝、防震缝、构造柱或门窗洞口处。

（2）相邻工作段的高度差，不得超过一个楼层的高度，且不得大于4 m。

（3）砌体临时间断处的高度，不得超过一步脚手架的高度。

（4）砌体施工时，楼面堆载不得超过楼板允许荷载值。

（5）雨天施工，每日砌筑高度不宜超过1.4 m，收工时应遮盖砌体表面。

（6）设有钢筋混凝土抗风柱的房屋，应在柱顶与屋架以及屋架间的支撑均已连接固定后，方可砌筑山墙。

（三）砌筑时砖的含水率

砌筑砖砌体时，砖应提前1～2d浇水湿润。普通砖、多孔砖的含水率宜为10%～15%，灰砂砖、粉煤灰砖含水率宜为8%～12%（含水率以水重占干砖重量的百分数计），施工现场抽查砖的含水率的简化方法可采用现场断砖，砖截面四周融水深度为15～20 mm视为符合要求。

（四）组砌方法

（1）砖柱不得采用先砌四周后填心的包心砌法。柱面上下皮的竖缝应相互错开1/2砖长或1/4砖长，使柱心无通天缝。

（2）砖砌体应上下错缝，内外搭砌，实心砖砌体宜采用一顺一丁、梅花丁或三顺一丁的砌筑形式，多孔砖砌体宜采用一顺一丁、梅花丁砌筑形式。

（3）基底标高不同时，应从低处砌起，并由高处向低处搭接。当设计无要求时，搭接长度不应小于基础扩大部分的高度。

（4）每层承重墙（240 mm厚）的最上一皮砖、砖砌体的阶台水平面上以及挑出层（挑檐＝腰线等）应用整砖丁砌。

（5）砖柱和宽度小于1 m的墙体，宜选用整砖砌筑。

（6）半砖和断砖应分散使用在受力较小的部位。

（7）搁置预制梁、板的砌体顶面应找平，安装时并应坐浆。当设计无具体要求时，应采用1:2.5的水泥砂浆。

（8）厕浴间和有防水要求的楼面，墙底部应浇筑高度不小于120 mm的混凝土坎。

（五）留槎、拉结筋

（1）砖砌体的转角处和交接处应同时砌筑，严禁无可靠措施的内外墙分砌施工。对不能同时砌筑而又必须留置的临时间断处应砌成斜槎，斜槎水平投影长度不应小于高度的2/3。

接槎时必须将接槎处的表面清理干净，浇水湿润，填实砂浆并保持灰缝平直。

（2）非抗震设防及抗震防烈度为6度、7度地区的临时间断处，当不能留斜槎时，除转角处外，可留直槎，但直槎必须做成凸槎。留直槎处应加设拉结钢筋，拉结钢筋的数量为每120 mm墙厚放置1ϕ6拉结钢筋（240 mm厚墙放置2ϕ6），间距沿墙高不应超过500 mm；埋入长度从留槎处算超过每边均不应小于500 mm，对抗震设防烈度为6度、7度的地区，不应小于1 000 mm；末端应呈90°弯钩（图5-1）。

（3）多层砌体结构中，后砌的非承重砌体隔墙，应沿墙高每隔500 mm配置2根ϕ6的钢筋与承重墙或柱拉结，每边伸入墙内不应小于500 mm。抗震设防烈度为8度和9度地区，长度5 m的后砌隔墙的墙顶，还应与楼板或梁拉结。隔墙砌至梁板底时，应留有一定空隙，间隔一周后再补砌挤紧。

（六）灰缝

（1）砖砌体的灰缝应横平竖直，厚薄均匀。水平灰缝厚度和竖向灰缝宽度宜为10 mm，但不应小于8 mm，也不应大于12 mm。砌筑方法宜采用“三一”砌砖法，即“一铲灰、一块砖、一揉挤”的操作方法。竖向灰缝宜采用挤浆法或加浆法，使其砂浆饱满，严禁用水冲浆灌缝。如采用铺浆法砌筑，铺浆长度不得超过750 mm。施工期间气温超过30℃时，铺浆长度不得超过500 mm。

水平灰缝的砂浆饱满度不得低于80%，竖向灰缝不得出现透明缝、瞎缝和假缝。

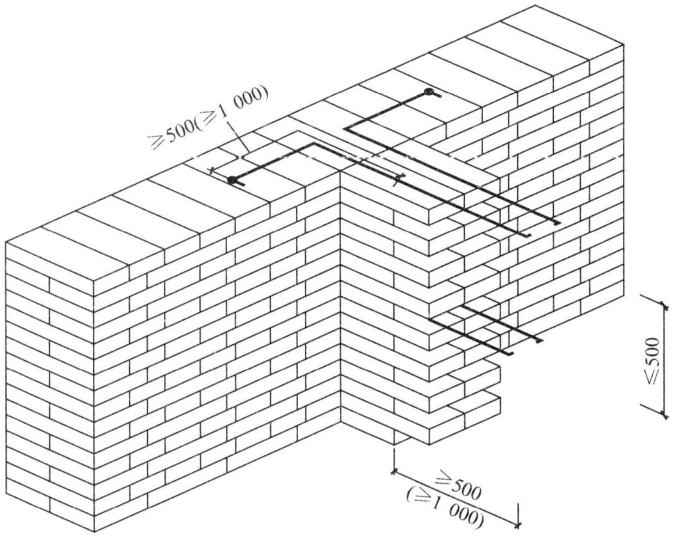

图 5-1　留直槎

（2）清水墙面不应有上下二皮砖搭接长度小于 25 mm 通缝，不得有三分头砖，不得在上部随意变活乱缝。

（3）空斗墙的水平灰缝厚度和竖向灰缝宽度一般为 10 mm，但不应小于 7 mm，也不应大于 13 mm。

（4）筒拱拱体灰缝应全部用砂浆填满，拱底灰缝宽度宜为 5 ~ 8 mm，筒拱的纵向缝应与拱的横断面垂直。筒拱的纵向两端，不宜砌入墙内。

（5）为保持清水墙面立缝垂直一致，当砌至一步架子高时，水平间距每隔 2 m，在丁砖竖缝位置弹两道垂直立线，控制游丁走缝。

（6）清水墙勾缝应采用加浆勾缝，勾缝砂浆宜采用细砂拌制的 1∶1.5 水泥砂浆。勾凹缝或平缝。

（7）砖砌平拱过梁的灰缝应砌成楔形缝。灰缝宽度，在过梁底面不应小于 5 mm，在过梁的顶面不应小于 15 mm。

（8）砌体的伸缩缝、沉降缝、防震缝中，不得夹有砂浆、碎砖和杂物等。

（七）预留孔洞、预埋件

（1）设计要求的洞口、管道、沟槽，应在砌筑时按要求预留或预埋，未经设计同意，不得打凿墙体和在墙体上开凿水平沟槽。超过 300 mm 的洞口上部应设过梁。

（2）砌体中的预埋件应做防腐处理，预埋木砖的木纹应与钉子垂直。

（3）在墙上留置临时施工洞口，其侧边离交接处墙面不应小于 500 mm，洞口净宽度不应小于 1 m，洞顶应设置过梁。

抗震设防烈度为 9 度的地区建筑物的临时施工洞口位置，应会同设计单位确定。

临时施工洞口应做好补砌。

（4）不得在下列墙体或部位设置脚手眼

1）120 mm 厚墙、料石清水墙和独立柱石；

2）过梁上与过梁成 60°角的三角形范围及过梁净跨度 1/2 的高度范围内；

3）宽度小于 1 m 的窗间墙；

4）砌体门窗洞口两侧 200 mm（石砌体为 300 mm）和转角处 450 mm（石砌体为 600 mm）范围内；

5）梁或梁垫下及其左右 500 mm 范围内；

6）设计不允许设置脚手眼的部位。

（5）预留外窗洞口位置应上下挂线，保持上下楼层洞口位置垂直。洞口尺寸应准确。

（八）构造柱

（1）构造柱纵筋应穿过圈梁，保证纵筋上下贯通。构造柱箍筋在楼层上下各 500 mm 范围内进行加密，间距宜为 100 mm。

（2）墙体与构造柱连接处应砌成马牙槎，从每层柱脚起、先退后进，马牙槎的高度不应大于 300 mm；并应先砌墙后浇混凝土构造柱。

（3）浇构造柱混凝土前，必须将砌体留槎部位和模板浇水湿润，将模板内的落地灰、砖渣和其他杂物清理干净，并在结合面处流入适量与构造混凝土相同的去石水泥砂浆。振捣时，应避免触碰墙体，严禁通过墙体传振。

三、质量检查与验收

（一）主控项目

（1）砖和砂浆的强度等级必须符合设计要求

抽检数量：每一生产厂家的砖到现场后，按烧结砖 15 万块、多孔砖 5 万块、灰砂砖及粉煤灰砖 10 万块各为一验收批，抽检数量为 1 组。

检验方法：检查砖和砂浆试块试验报告。

（2）砌体水平灰缝的砂浆饱满度不得小于 80%

抽检数量：每批验收批抽查不应少于 5 处。

检验方法：用百格网检查砖底面与砂浆的黏结痕迹面积。每处检测 3 块砖，取其平均值。

（3）砖砌体的转角处和交接处应同时砌筑，严禁无可靠措施的内外墙分砌施工。对不能同时砌筑而又必须留置的临时间断处应砌成斜槎，斜槎水平投影长度不应小于高度的 2/3。

抽检数量：每检验批抽 20% 接槎，且不应少于 5 处。

检验方法：观察检查。

（4）非抗震设防及抗震设防烈度为 6 度、7 度地区的临时间断处，当不能留斜槎时，除转角处外，可留直槎，但直槎必须做成凸槎。留直槎处应加设拉结钢筋，拉结钢筋的数量为每 120 mm 墙厚放置 $1\phi6$ 拉结钢筋（240 mm 厚墙放置 $2\phi6$ 拉结钢筋），间距沿墙高不应超过 500 mm，埋入长度从留槎处算起角边不应小于 500 mm，对抗震设防强度 6 度、7 度的地区，不应小于 100 mm。末端应有 90°弯钩（见图 5-1）。

抽检数量：每检验批抽 20% 接槎，且不应少于 5 处。

检验方法：观察和尺量检查。

合格标准：留槎正确，拉结钢筋设置数量、直径正确，竖向间距偏差不超过 100 mm，留置长度基本符合规定。

（5）砖砌体的位置及垂直度允许偏差应符合表 5-4 的规定。

表 5-4 砖砌体的位置及垂直度允许偏差

项次	项目			允许偏差/mm	检验方法
1	轴线位置偏移			10	用经纬仪和尺检查或用其他测量仪器检查
2	垂直度	每层		5	用 2 m 托线板检查
		全高	≤10 m	10	用经纬仪、吊线和尺检查，或用其他测量仪器检查
			>10 m	20	

抽检数量：轴线查全部承重墙柱；外墙垂直度全高查阳角，不应少于 4 处，每层每 20 m 查一处；内墙按有代表性的自然间抽 10%，但不应少于 3 间，每间不少于 2 处，柱不少于 5 根。

（6）钢筋的品种、规格和数量应符合设计要求

检验方法：检查钢筋的合格证书、钢筋性能试验报告、隐蔽工程记录。

（7）构造柱

混凝土的强度等级应符合设计要求。

抽检数量：每一检验批砌体至少应做一组试块。

检验方法：检查混凝土试块试验报告。

（8）构造柱与墙体的连接处应砌成马牙槎，马牙槎应先退后进，预留的拉结钢筋应位置正确，施工中不得任意弯折。

抽检数量：每检验批抽 20% 构造柱，且不少于 3 处。

检验方法：观察检查。

合格标准：钢筋竖向移位不应超过 100 mm，每一马牙槎沿高度方向尺寸不应超过 300 mm。钢筋竖向位移和马牙槎尺寸偏差每一构造柱不应超过 2 处。

（9）构造柱位置及垂直度的允许偏差应符合表 5-5 的规定。

表 5-5 构造柱尺寸允许偏差

项次	项目			允许偏差/mm	检验方法
1	柱中心线位置			10	用经纬仪和尺检查或用其他测量仪器检查
2	柱层间错位			8	用经纬仪和尺检查或用其他测量仪器检查
3	柱垂直度	每层		5	用 2 m 托线板检查
		全高	≤10m	10	用经纬仪、吊线和尺检查，或用其他测量仪器检查
			>10m	20	

抽检数量：每检验批抽 10%，且不应少于 5 处。

（二）一般项目

（1）砖砌体组砌方法应正确，上、下错位，内外搭砌，砖柱不得采用包心砌法。

抽检数量：外墙每 20 m 抽查一处，每处 3～5 m，且不应少于 3 处。墙按有代表性的自然间抽 10%，且不应少于 3 间。

检验方法：观察检查。

合格标准：除符合本条要求外，清水墙、窗间墙无通缝；混水墙中长度大于或等于 300 mm 的通缝每间不超过 3 处，且不得位于同一面墙体上。

（2）砖砌体的灰缝应横平竖直，厚薄均匀。水平灰缝厚度宜为 10 mm，但不应小于 8 mm,也不应大于 12 mm。

抽检数量：每步脚手架施工的砌体，每 20 m 抽查 1 处。

检验方法：用尺量 10 皮砖砌体高度折算。

（3）砖砌体的一般尺寸允许偏差应符合表 5-6 的规定。

表 5-6　砖砌体一般尺寸允许偏差

<table>
<tr><th>项次</th><th colspan="2">项　　目</th><th>允许偏差/mm</th><th>检验方法</th><th>抽　检　数　量</th></tr>
<tr><td>1</td><td colspan="2">基础顶面和楼面标高</td><td>±5</td><td>用水平仪和尺检查</td><td>不应少于 5 处</td></tr>
<tr><td rowspan="2">2</td><td rowspan="2">表面平整度</td><td>清水墙、柱</td><td>5</td><td rowspan="2">用 2 m 靠尺和楔形塞尺检查</td><td rowspan="2">有代表性自然间 10%，但不应少于 3 间，每间不应少于 2 处</td></tr>
<tr><td>混水墙、柱</td><td>8</td></tr>
<tr><td>3</td><td colspan="2">门窗洞口高、宽（后塞口）</td><td>±5</td><td>用尺检查</td><td>检验批洞口的 10%，且不应少于 5 处</td></tr>
<tr><td>4</td><td colspan="2">外墙上下窗口偏移</td><td>20</td><td>以底层窗口为准，用经纬仪或吊线检查</td><td>检验批的 10%，且不应少于 5 处</td></tr>
<tr><td rowspan="2">5</td><td rowspan="2">水平灰缝平直度</td><td>清水墙</td><td>7</td><td rowspan="2">拉 10 m 线和尺检查</td><td rowspan="2">有代表性自然间 10%，但不应少于 3 间，每间不应少于 2 处</td></tr>
<tr><td>混水墙</td><td>10</td></tr>
<tr><td>6</td><td colspan="2">清水墙游丁走缝</td><td>20</td><td>吊线和尺检查，以每第一皮砖为准</td><td>有代表性自然间 10%，但不应少于 3 间，每间不应少于 2 处</td></tr>
</table>

（三）质量控制资料

砌体工程验收前，应提供下列文件和记录：

（1）原材料的合格证书、产品性能检测报告及复验报告。

（2）混凝土及砂浆配合比通知单。

（3）混凝土及砂浆试块抗压强度试验报告单及评定结果。

（4）施工记录。

（5）各检验批的主控项目、一般项目验收记录。

（6）施工质量控制资料。

（7）重大技术问题的处理或修改设计的技术文件。

（8）其他必须提供的资料。

第三节　小砌块砌体工程

一、质量的一般要求

（1）小砌块包括普通混凝土小型空心砌块和轻集料混凝土小型空心砌块，施工时所用的小砌块的产品龄期不应小于 28 d。

（2）砌筑小砌块时，应清除表面污物和芯柱用小砌块洞底部的毛边，剔除外观质量不合格的小砌块。

(3) 普通小砌块砌筑时，可为自然含水率；当天气干燥炎热时，可提前洒水湿润。轻集料小砌块，因吸水率大，宜提前一天浇水湿润。当小砌块表面有浮水时，为避免游砖，不应进行砌筑。

(4) 施工时所用的砂浆，宜选用专用的小砌块砌筑砂浆。

(5) 承重墙体严禁使用断裂小砌块。

二、施工质量控制要点

(一) 小砌块砌筑

(1) 小砌块砌筑前应预先绘制砌块排列图，并应确定皮数。不够主规格尺寸的部位，应采用辅助规格小砌块。

(2) 小砌块砌筑墙体时应对孔错缝搭砌，当不能对孔砌筑时，搭接长度不得小于 90 mm。当个别部位不能满足时，应在水平灰缝中设置拉结钢筋网片，网片两端距竖缝长度均不得小于 300 mm。竖向通缝（搭接长度小于 90 mm）不得超过两皮。

(3) 小砌块砌筑应将底面朝上反砌于墙上。

(4) 常温下，普通混凝土小砌块日砌高度控制在 1.8 m 以内，轻集料混凝土小砌块日砌高度控制在 2.4 m 以内。

(5) 需要移动砌体中的小砌块或砌体被撞动后，应重新铺砌。

(6) 厕浴间和有防水要求的楼面，墙底部浇筑高度不宜小于 200 mm 的混凝土止水带。

(7) 雨天砌筑应有防雨措施，砌筑完毕应对砌体进行遮盖。

(二) 小砌块砌体灰缝

(1) 小砌块砌体铺灰长度不宜超过两块主规格块体的长度。

(2) 小砌块清水墙的勾缝应采用加浆勾缝，当设计无具体要求时宜采用平缝形式。

(三) 混凝土芯柱

(1) 砌筑芯柱（构造柱）部位的墙体，应采用不封底的通孔小砌块，砌筑时要保证上下孔通畅且不错孔，确保混凝土浇筑时不侧向流窜。

(2) 在芯柱部位，每层楼的第一皮块体，应采用开口小砌块或 U 形小砌块砌出操作孔，操作孔侧面宜预留连通孔。砌筑开口小砌块或 U 形小砌块时，应随时刮去灰缝内凸出的砂浆，直至一个楼层高度。

(3) 浇灌芯柱的混凝土，宜选用专用的小砌块灌孔混凝土，当采用普通混凝土时，其坍落度不应小于 90 mm。

(4) 浇灌芯柱混凝土，应遵守下列规定：

1) 清除孔洞内的砂浆等杂物，并用水冲洗。

2) 砌筑砂浆强度大于 1 MPa 时，方能浇灌芯柱混凝土。

3) 在浇灌芯柱混凝土前应先注入适量与芯柱混凝土相同的去石水泥砂浆，再浇灌混凝土。

三、质量检查与验收

(一) 主控项目检验

主控项目检验见表 5-7。

表 5-7 主控项目检验

序号	项目	合格质量标准	检验方法	抽检数量
1	小砌块和砂浆的强度等级	小砌块和砂浆的强度等级必须符合设计要求	查小砌块和砂浆试块试验报告	每一生产厂家，每1万块小砌块至少应抽检一组。用于多层以上建筑基础和底层的小砌块抽检数量应不小于2组； 砂浆试块：每一检验批且不超过250 m^3砌体的各种类型及强度等级的砌筑砂浆，每台搅拌机应至少抽检一次
2	砌体灰缝	砌体水平灰缝的砂浆饱满度，应按净面积计算不得低于90%；竖向灰缝饱满度不得小于80%，竖缝凹槽部位应用砌筑砂浆填实；不得出现瞎缝、透明缝	用专用百格网检测小砌块黏结痕迹，每处检测3块小砌块，取其平均值	每检验批应不小于3处
3	砌筑留槎	墙体转角处和纵横墙交界处应同时砌筑。临时间断处应砌成斜槎，斜槎水平投影长度应不小于高度的2/3	观察检验	每检验批抽20%接槎，且应不少于5处
4	轴线与垂直度控制	砌体的轴线偏移和垂直度偏差应按表5-4的规定执行	见表5-4	轴线查全部承重墙柱；外墙垂直度全高查阳角，应不少于4处，每层每20 m查一处；内墙按有代表性的自然间抽10%，但应不少于3间，每间应不少于2处，柱不少于5根

（二）一般项目检验

一般项目检验见表5-8。

表 5-8 一般项目检验

序号	项目	合格质量标准	检验方法	抽检数量
1	墙体灰缝尺寸	墙体的水平灰缝厚度和竖向灰缝宽度宜为10 mm，但应不大于12 mm，也应不小于8 mm	用尺量5皮小砌块的高度和2 m砌体长度折算	每层楼的检测点应不少于3处
2	墙体一般尺寸允许偏差	小砌块墙体的一般尺寸允许偏差应按表5-6中第1～5项的规定执行	见表5-6	见表5-6

第四节 填充墙砌体工程

本节适用于轻骨料混凝土小型空心砌块，蒸压加气混凝土砌块（以下简称“加气砌块”）、空心砖等砌筑填充墙砌体工程。

一、质量的一般要求

（1）砌块、砖的品种、强度等级应符合设计要求，品质符合合同要求的等级品；并应具有出厂合格证和产品性能检测报告。

(2) 小砌块、加气砌块出釜后应在干燥环境中28 d后方可使用。填充墙不属承重墙，一般选用密度较小的砌块，如轻骨料小砌块、加气砌块（含砂加气砌块）等。这些块材均为非烧结制品，故干燥收缩率较大。如普通混凝土小砌块为0.03% ~0.04%，轻骨料混凝土小砌块为0.03% ~0.065%，加气砌块可达到0.08%。为减少砌体的干缩率，使其在砌筑前完成大部分的收缩量，干置28 d后使用将是十分有利的。如果对这些块材还不放心（如有些生产厂更多掺加了易收缩变形的粗骨料或粉煤灰），可将进场块材（订采购合同时约定验货方式）送检测机构做干缩试验，确保砌体质量。

(3) 与烧结黏土砖有很大的区别是小砌块、加气砌块送到现场时强度往往较低，有的甚至生产龄期才几天（为了加快厂里堆放场所的周转），而烧结黏土砖冷却出窑时强度已达100%。因此小砌块、加气砌块在装卸时严禁抛掷和倾倒，以免块材掉棱缺角和损坏。

(4) 上述块材在堆放运输过程中应采取防雨防潮和排水措施，故不可露天着地堆放。国外这类块材按用户需求分为有含水率要求与无含水率要求两种。若有含水率要求，出厂前须经烘焙处理，再用防潮材料包装，即不怕雨淋。而我国目前一般未达到这样的水准，只能靠运输和现场堆放时的简易措施来弥补，降低块材含水率，减少物体干缩裂缝，从而提高砌体质量。这也是有关产品标准中专门规定的。

(5) 轻骨料小砌块、加气砌块和薄壁空心砖（如三孔）砌筑时，墙底部应砌筑烧结多孔砖、普通混凝土小砌块（采用混凝土灌孔更好）或浇筑混凝土，其高度不宜小于200 mm。厕浴间和有防水要求的房间，所有墙底部200 mm高度内均应浇筑混凝土导墙。

二、施工的质量控制要点

(1) 对进入施工现场的建筑材料，尤其是砌体材料，应按产品标准进行质量验收，并做好验收记录。对质量不合格或产品等级不符合要求的，不得用于砌体工程。为消除外墙面渗漏水隐患，不得将有裂缝的砖面、小砌块面砌于外墙的外表面。

(2) 砌体施工前，应由专人设置皮数杆，并应根据设计要求、块材规格和灰缝厚度在皮数杆上标明皮数及竖向构造的变化部位。缝厚度应用双线标明。未设置皮数杆，砌筑人员不得进行施工。

(3) 用混凝土小型空心砌块、加气混凝土砌块等块材砌筑墙体时，必须根据预先绘制的砌块排列图进行施工。严禁无排列图或不按排列图施工。

(4) 轻骨料小砌块、空心砖应提前一天浇水湿润。加气砌块砌筑时，应向砌筑面适量洒水；当采用黏结剂砌筑时不得浇水湿润。用砂浆砌筑时的含水率：轻骨料小砌块宜为5% ~8%，空心砖宜为10% ~15%，加气砌块宜小于15%。

(5) 填充墙砌时应错缝搭砌。单排孔小砌块应对孔错缝砌筑，当不能对孔时，搭接长度不应小于90 mm，加气砌块搭接长度不小于砌块长度的1/3。当不能满足时，应在水平灰缝中设置钢筋加强。

(6) 小砌块、空心砖砌体的水平、竖向灰缝厚度应为8 ~12 mm，加气砌块的水平灰缝厚度宜为12 ~15 mm，竖向灰缝宽度宜为20 mm。

(7) 轻骨料小砌块和加气砌块砌体，由于干缩率和膨胀率较大，不应与其他块材混砌。但对于因构造需要的墙底部、顶部、门窗固定部位等，可局部适量镶嵌其他块材，门窗两侧小砌块可采用填灌混凝土办法，不同砌体交接处可采用构造柱连接。

（8）填充墙的水平灰缝砂浆饱满度应不小于80%，小砌块、加气砌块砌体的竖向灰缝也不应小于80%，其他砖砌体的竖向灰缝应填满砂浆，并不得有透明缝、瞎缝、假缝。

（9）填充墙砌至梁、板底部时，应留一定空隙，至少间隔7 d后再进行镶嵌；或用坍落度较小的混凝土或砂浆填嵌密实（高度宜为50mm与30 mm）。在封砌施工洞口及外墙洞口时，尤其应严格控制，千万不能一次到顶。

（10）小砌块、加气砌块砌筑时应防止雨淋。

（11）封堵外墙支模洞、脚手眼等，应在抹灰前派专人实施，在清洗干净后应从墙体两侧封堵密实，确保不开裂，不渗漏，并应加强检查，做好记录。

（12）砌筑伸缩缝、沉降缝、抗震缝等变形缝处砌体时，应确保缝的净宽，并应采取遮盖措施或填嵌聚苯乙烯等发泡材料，防止缝内夹有块材、碎渣、砂浆等杂物。

（13）构造柱与墙体的连接处应砌成马牙槎，从每层柱脚开始，先退后进，每一马牙槎沿高度方向的尺寸不宜超过300 mm。沿墙高每500 mm设2ϕ6拉结钢筋，每边伸入墙内不宜小于1 m。预留伸出的拉结钢筋不得在施工中任意反复弯折，如有歪斜、弯曲，在浇灌混凝土之前，应校正到准确位置并绑扎牢固。

（14）利用砌体支撑模板时，为防止砌体松动，严禁采用“骑马钉”直接敲入砌体的做法。利用砌体为模浇筑混凝土构造柱等，当砌体强度、刚度不能克服混凝土振捣产生的侧向力时，应采取可靠措施，防止砌体变形、开裂、杜绝渗漏隐患。

（15）填充墙与混凝土结合部的处理，应按设计要求进行。若设计无要求时，宜在该处内外两侧敷设宽度不小于200 mm的钢丝网片黏结牢固。

（16）为防止外墙面渗漏水，伸出墙面的雨篷、敞开式阳台、空调机搁板、遮阳板、窗套、外楼梯根部及凹凸装饰线脚处，应采取切实有效的止水措施。

（17）钢筋混凝土结构中砌筑填充墙时，应沿框架柱（剪力墙）全高每隔500 mm（砌块模数不能满足时可为600 mm）设2ϕ6拉结筋，拉结筋伸入墙内的长度应符合设计要求。当设计未有具体要求时，非抗震设防及抗震设防烈度为6度、7度时，不应小于墙长的1/5，且不小于700 mm；8度、9度时宜沿墙全长贯通。

（18）抗震设防地区还应采取如下抗震拉结措施：

墙长大于5 m时，墙顶与梁宜有拉结；墙长超过层高2倍时，宜设置钢筋混凝土构造柱；墙高超过4 m时，墙体半高处宜设置与柱连接且沿墙全长贯通的钢筋混凝土水平系梁。

三、质量检查与验收

（一）主控项目

砖、砌块和砌筑砂浆的强度等级应符合设计要求。

检验方法：检查砖或砌块的产品合格证书、产品性能报告和砂浆试块试验报告。

（二）一般项目

（1）填充墙砌体一般尺寸的允许偏差应符合表5-9的规定。

表 5-9　填充墙砌体一般尺寸允许偏差

项次	项目		允许偏差/mm	检验方法
1	轴线位移		10	用尺检查
	垂直度	小于或等于 3 m	5	用 2 m 托线板或吊线、尺检查
		大于 3 m	10	
2	表面平整度		8	用 2 m 靠尺和楔形塞尺检查
3	门窗洞口高、宽（后塞口）		±5	用尺检查
4	外墙上、下窗口偏移		20	用经纬仪或吊线检查

抽检数量：

1）对表 5-9 中 1、2 项，在检验批的标准间中随机抽查 10%，但不应少于 3 间；大面积房间和楼道按两个轴线或每 10 延长米按一标准间计数，每间检验不应少于 3 处。

2）对表 5-9 中 3、4 项，在检验批中抽检 10%，且不应少于 5 处。

（2）蒸压加气混凝土砌块砌体和轻骨料混凝土小型空心砌块砌体不应与其他块材混砌。

抽检数量：在检验批中抽检 20%，且不应少于 5 处。

检验方法：外观检查。

（3）填充墙砌体的砂浆饱满度及检验方法应符合表 5-10 的规定。

表 5-10　填充墙砌体的砂浆饱满度及检验方法

砌体分类	灰缝	饱满度及要求	检验方法
空心砖砌体	水平	≥80%	采用百格网检查块材底面砂浆的黏结痕迹面积
	垂直	填满砂浆，不得有透明缝、瞎缝、假缝	
加气混凝土砌块和轻骨料混凝土小砌块砌体	水平	≥80%	
	垂直	≥80%	

抽检数量：每步架子不少于 3 处，且每处不应少于 3 块。

（4）填充墙砌体留置的拉结筋或网片的位置应与块体皮数相符合，拉结钢筋或网片应置于灰缝中，埋置长度应符合设计要求，竖向位置偏差不应超过一皮高度。

抽检数量：在检验批中抽检 20%，且不少于 5 处。

检验方法：观察和用尺量检查。

（5）填充墙砌时应错缝搭砌，蒸压加气混凝土砌块搭砌长度不应小于砌块长度的 1/3；轻骨料混凝土小型空心砌块搭砌长度不应小于 90 mm；竖向通缝不应大于 2 皮。

抽检数量：在检验批的标准间中抽查 10%，且不应小于 3 间。

检查方法：观察和用尺检查。

（6）填充墙砌体的灰缝厚度和宽度应正确。空心砖、轻骨料混凝土小型空心砌块的砌筑体灰缝应为 8 ~ 12 mm。蒸压加气混凝土砌块的水平灰缝厚度及竖向灰缝宽度宜分别为 15 mm 和 20 mm。

抽检数量：在检验批的标准间中抽查 10%，且不应少于 3 间。

检查方法：用尺量 5 皮空心砖或小砌块的高度和 2 m 砌体长度折算。

（7）填充墙砌至接近梁板底时，应留有一定空隙，待填充墙砌筑完并应至少间隔 7 d 后，再将其补砌挤紧。

抽检数量：每验收批抽 10% 填充墙片（每两柱间的填充墙为一墙片），且不应少于 3 片墙。

检验方法：观察检查。

复习思考题

1. 砌筑砂浆的材料质量有什么要求？
2. 如何进行砌筑砂浆试块的抽样及强度评定？
3. 简述砖砌体质量控制要点。
4. 说明如何进行砖砌体质量的检查与验收？
5. 简述对小砌块的材料要求。
6. 简述填充墙质量控制要点。
7. 说明如何进行填充墙质量的检查与验收？

第六章 混凝土结构工程质量控制

第一节 模 板 工 程

一、质量的一般要求

（1）模板宜选用钢材、胶合板、塑料等材料，模板的支架材料宜选用钢材等。当采用木材时，木材应符合《木结构设计规范》中承重结构选材标准，其材质不宜低于Ⅲ等材；当采用钢模板时，钢材应符合《碳素结构钢》中的Q235（3号）钢标准；胶合板应符合《混凝土模板用胶合板》中的有关规定。

（2）模板及其支架必须符合下列规定

1）保证工程结构和构件各部分形状尺寸和相互位置的正确。这就要求模板工程的几何尺寸、相互位置及标高满足设计图纸要求以及混凝土浇捣完毕后，在其允许偏差范围内。

2）要求模板工程具有足够的承载力、刚度和稳定性，能使它在静荷载和动荷载的作用下不出现塑性变形、倾覆和失稳。

3）构造简单，拆装方便，便于钢筋的绑扎和安装以及混凝土的浇捣和养护工艺要求，做到加工容易，集中制造，提高工效，紧密配合，综合考虑。

4）模板的拼缝不应漏浆。对于反复使用的钢模板要不断进行整修，保证其楞角顺直、平整。

（3）组合钢模板、大模板、滑升模板等的设计、制作和施工还应符合国家现行标准的有关规定。

（4）模板与混凝土的接触应涂隔离剂。不宜采用油脂类隔离剂。严禁隔离剂玷污钢筋与混凝土接处，以免影响钢筋与混凝土的握裹力以及混凝土接槎处不能有机结合。故不得在模板安装后刷隔离剂。

（5）对模板及其支架应定期维修。钢模板及支架应防止锈蚀，从而延长模板及其支架的使用寿命。

二、模板安装的质量控制要点

竖向模板和支架的支承部分必须坐落在坚实的基土上，并应加设垫板，使其有足够的支承面积。

（1）一般情况下，模板自下而上地安装。在安装过程中要注意模板的稳定，可设临时支撑稳住模板，待安装完毕且校正无误后方可固定牢固。

（2）模板安装时就要考虑到拆除，宜在不拆梁的底模和支撑的情况下，先拆除梁的侧模，以利周转使用。

（3）模板在安装过程中应多检查，注意垂直度、中心线、标高及部位的尺寸，保证结构部分的几何尺寸和相邻位置的正确。

（4）现浇钢筋混凝土梁、板，当跨度大于或等于 4 m 时，模板应起拱；当设计无要求时，起拱高度宜为全跨长的 1/1 000 ~ 3/1 000。不准因起拱过小而造成梁、板底下垂。

（5）现浇多层房屋和构筑物支模时，采用分段分层方法。下层混凝土须达到足够的强度以承受上层荷载带来的力，且上、下立柱对齐，并铺设垫板。

（6）固定在模板上的预埋件和预留洞不得遗漏，安装必须牢固，位置准确。

（7）支撑梁、板的支架立柱构造与安装应符合下列规定

1）梁和板的立柱，其纵横向间距应相等或成倍数。

2）木立柱底部应设垫木，顶部应设支撑头。钢管立柱底部应设垫木和底座，顶部应设可调支托，U 形支托与楞梁两侧间如有间隙，必须楔紧，其螺杆伸出钢管顶部不得大于 200mm，螺杆外径与立杆钢管内径的间隙不得大于 3mm，安装时应保证上下同心。

3）在立杆底距地面 200 mm 高处，沿纵横水平方向应纵下横上的程序设扫地杆。可调支托底部的立柱顶端应沿纵横向设置一道水平拉杆。扫地杆与顶部水平杆之间的间距，在满足模板设计所确定的水平拉杆步距要求条件下，进行平均分配确定步距后，在每一步距处纵横向应加设一道水平拉杆。当层高在 8m ~ 20m 时，在最顶步距两水平拉杆中间应加设一道水平拉杆；当层高大于 20m 时，在最顶两步距水平拉杆中间应分别增加一道水平拉杆。所有水平拉杆的端部均应与四周建筑物顶紧顶牢。无处可顶时，应在水平拉杆端部和中部沿竖向设置连续式剪刀撑。

4）木立杆的扫地杆、水平拉杆、剪刀撑应采用 40mm × 40mm 木条或 25mm × 80mm 的木板条与木立柱钉牢。钢管立柱的扫地杆、水平拉杆、剪刀撑应采用 ϕ48mm × 3.5mm 钢管，用扣件与钢管立柱扣牢。木扫地杆、水平拉杆、剪刀撑应采用搭接，并应采用铁钉钉牢。钢管扫地杆、水平拉杆应采用对接，剪刀撑应采用搭接，搭接长度不得小于 500mm，并采用 2 个旋转扣件分别在离杆端不小于 10mm 处进行固定。

三、模板拆除的质量控制要点

（1）模板及其支架拆除时的混凝土强度，应符合设计要求，当设计无具体要求时，应符合下列规定：

1）现浇结构侧模在混凝土强度能保证其表面及棱角不因拆除模板而受损坏时，方可拆除。

2）现浇结构底模在混凝土强度符合表 6-1 的规定时，方可拆除。

表 6-1　底模拆除时所需混凝土强度

结构类型	结构跨度/m	按设计的混凝土强度标准值的百分率计/%
板	≤2	≥50
	>2，≤8	≥75
	>8	≥100
梁、拱、壳	≤8	≥75
	>8	≥100
悬臂构件	—	≥100

注：“设计的混凝土强度标准值”系指与设计混凝土强度等级相应的混凝土立方体抗压强度标准值。

（2）混凝土结构在模板和支架拆除后，需待混凝土强度达到设计混凝土强度等级后，方可承受全部使用荷载。当施工荷载所产生的效应比使用荷载的效应更为不利时，必须经过核算，加设临时支撑。

（3）拆模时，除了符合以上要求，还必须注意以下几点：

1）拆模时不要用力过猛过急，拆下来的模板和支撑用料要及时运走。

2）拆模顺序一般应是后支的先拆，先支的后拆，先拆非承重部分，后拆承重部分。重大复杂模板的拆除，事先要制订拆模方案。

3）多层楼板模板支柱的拆除，应按下列要求进行：上层楼板正在浇灌混凝土时，下一层楼板的模板支柱不得拆除，再下一层楼板的支柱，仅可拆除一部分；跨度 4 m 及 4 m 以上的梁下均应保留支柱，其间距不得大于 3 m。

4）快速施工的高层建筑梁、板模板（例如：3 ~ 5 d 完成一层结构），其底模及支柱的拆除时间应对所用混凝土的强度发展情况分层进行核算，确保下层楼板及梁能完全承载。

5）定型模板，特别是组合式钢模板，要加强保护，拆除后逐块传递下来，不得抛掷，拆下后清理干净，板面涂刷脱模剂，分类堆放整齐，以便再用。

第二节　钢 筋 工 程

一、质量的一般要求

（1）按施工现场平面图规定的位置，将钢筋堆放场地进行清理、平整。有相应的排水措施，准备好垫木，按钢筋加工、绑扎顺序分类堆放，并将锈蚀部分进行清理。

（2）当钢筋的品种、级别或规格需作变更时，应办理设计变更文件。在施工过程中，当施工单位缺乏设计所要求的钢筋品种、级别或规格时，可进行钢筋代换。为了保证对设计意图的理解不产生偏差，规定当需要作钢筋代换时应办理设计变更文件，以确保满足原结构设计的要求，并明确钢筋代换由设计单位负责。本条为强制性条文，应严格执行。

（3）为了确保受力钢筋等的加工、连接和安装满足设计要求，并在结构中发挥其应有的作用，在浇筑混凝土之前，应进行钢筋隐蔽工程验收，其内容包括：

1）纵向受力钢筋的品种、规格、数量、位置等。

2）钢筋的连接方式、接头位置、接头数量、接头面积百分率等。

3）箍筋、横向钢筋的品种、规格、数量、间距等。

4）预埋件的规格、数量、位置等。

5）钢筋保护层厚度。

二、钢筋原材料

（1）钢筋采购时，混凝土结构所采用的热轧钢筋、热处理钢筋、碳素钢丝、刻痕钢丝和钢绞线的质量，应分别符合现行国家标准的规定。

1）《钢筋混凝土用热轧带肋钢筋》（GB 1499）；

2）《钢筋混凝土用热轧光圆钢筋》（GB 13013）；

3）《钢筋混凝土用余热处理钢筋》（GB 13014）。

（2）钢筋进场检查验收

1）检查产品合格证、出厂检验报告。钢筋出厂应具有产品合格证书、出厂试验报告单，作为质量的证明材料，所列出的品种、规格、型号、化学成分、力学性能等，必须满足设计要求，符合有关的现行国家标准的规定。当用户有特别要求时，还应列出某批专门检验数据。

2）进场的每捆（盘）钢筋均应有标牌，按炉罐号、批次及直径分批验收，分类堆放整齐，严防混料，并应对其检验状态进行标识，防止混用。

3）钢筋逐批检查，表面不得有裂纹、折叠、结疤及夹杂。盘条允许有压痕及局部的凸块、凹块、划痕、麻面，但其深度或高度（从实际尺寸算起）不得大于0.20 mm。带肋钢筋表面凸块，不得超过横肋高度，钢筋表面上其他缺陷的深度和高度不得大于所在部位尺寸的允许偏差，冷拉钢筋不得有局部缩颈，钢筋表面氧化铁皮（铁锈）重量不得大于16 kg/t。

4）带肋钢筋表面标志应清晰明了，标志包括强度级别、厂名（汉语拼音字头表示）和直径（mm）数字。

（3）钢筋取样与试验

1）钢筋进场时，应按现行国家标准《钢筋混凝土用热轧带肋钢筋》（GB 1499）的有关规定抽取试件做力学性能检验，其质量符合有关规定的钢筋，可在工程中应用。检查数量按进场的批次和产品的抽样检验方案确定。有关标准中对进场检验数量有具体规定的，应按标准执行，如果有关标准只对产品出厂检验数量有规定的，检查数量可按下列情况确定：

①当一次进场的数量大于该产品的出厂检验批量时，应划分为若干个出厂检验批量，然后按出厂检验的抽样方案执行。

②当一次进场的数量小于或等于该产品的出厂检验批量时，应作为一个检验批量，然后按出厂检验的抽样方案执行。

③对连续进场的同批钢筋，当有可靠依据时，可按一次进场的钢筋处理。

2）钢筋进场时，应按国家现行相关标准的规定抽取试件作力学性能和重量偏差检验，检验结果必须符合有关标准的规定。

检查数量：按进场的批次和产品的抽样检验方案确定。

检验方法：检查产品合格证、出厂检验报告和进场复验报告。

3）对按一、二、三级抗震等级设计的框架和斜撑构件（含梯段）中的纵向受力钢筋应采用HRB335E，HRB400E，HRB500E，HRBF335E，HRBF400E或HRBF500E钢筋（即抗震钢筋），其强度和最大力下总伸长率的实测值应符合下列规定：

①钢筋的抗拉强度实测值与屈服强度实测值的比值不应小于1.25；

②钢筋的屈服强度实测值与屈服强度标准值的比值不应大于1.30；

③钢筋的最大力下总伸长率不应小于9%。

检查数量：按进场的批次和产品的抽样检验方案确定。

检验方法：检查进场的复验报告。

4）当发现钢筋脆断，焊接性能不良或力学性能显著不正常等现象时，应对该批钢筋进行化学成分检验或其他专项检验。

检查方法：检查化学成分等专项检验报告。

三、钢筋配料加工

（一）质量控制要点

（1）钢筋的弯钩和弯折

1）HPB235 级钢筋末端应做 180°弯钩，其弯弧内直径不应小于钢筋直径的 2.5 倍，弯钩的弯后平直部分长度不应小于钢筋直径的 3 倍。

2）当设计要求钢筋末端需做 135°弯钩时，HRB335 级、HRB400 级钢筋的弯弧内直径不应小于钢筋直径的 4 倍，弯钩的弯后平直部分长度应符合设计要求。

3）钢筋做不大于 90°的弯折时，弯折处的弯弧内直径不应小于钢筋直径的 5 倍。

（2）焊接封闭环式箍筋外箍筋末端的弯钩形式

焊接封闭环式箍筋外箍筋的末端应做弯钩，弯钩形式应符合设计要求，当设计无具体要求时应符合下列规定：

1）箍筋弯钩的弯弧内径除满足质量验收规范的规定外尚应不小于钢筋直径。

2）箍筋弯钩的弯折角度，对一般结构不应小于 90°，对有抗震等要求的结构应为 135°。

3）箍筋弯后平直部分长度，对一般结构不宜小于箍筋直径的 5 倍，对有抗震等要求的结构不应小于箍筋直径的 10 倍。

（3）钢筋调直后应进行力学性能和重量偏差检验，其强度应符合有关标准规定。

（4）检查结构施工图

仔细查看结构施工图，把不同构件的配筋数量、规格、间距、尺寸弄清楚，抓好钢筋翻样，检查配料单的准确性。

（5）钢筋配料时对保护层厚度的要求

保护层厚度取决于构件的耐久性和对受力钢筋黏结锚固性能的要求。其最小厚度必须满足表 6-2 的要求。

表 6-2　混凝土保护层最小厚度　　　单位：mm

<table>
<tr><th rowspan="2">项次</th><th rowspan="2">环境条件</th><th rowspan="2">构件类别</th><th colspan="3">混凝土强度等级</th><th rowspan="2">箍筋及构造钢筋</th><th rowspan="2">分布钢筋</th></tr>
<tr><th>≤C20</th><th>C25、C30</th><th>≥C30</th></tr>
<tr><td rowspan="2">1</td><td rowspan="2">室内正常环境</td><td>板墙壳</td><td colspan="3">15</td><td>—</td><td>10</td></tr>
<tr><td>梁柱</td><td colspan="3">25</td><td>15</td><td>—</td></tr>
<tr><td rowspan="2">2</td><td rowspan="2">露天或室内
高湿度环境</td><td>板墙壳</td><td>35</td><td>25</td><td>15</td><td>—</td><td>10</td></tr>
<tr><td>梁柱</td><td>15</td><td>35</td><td>25</td><td>15</td><td>—</td></tr>
</table>

（6）钢筋加工严格按照配料单进行，在制作加工中发生断裂的钢筋，应进行抽样做化学分析，防止其力学性能合格而化学含量有问题，保证钢材材质的安全合格性。

（7）钢筋加工所用施工机械必须经试运转，调整正常后才可正式使用。

（8）钢筋加工的形状、尺寸应符合设计要求，允许偏差应符合表 6-3 的规定。

表 6-3 钢筋加工的允许偏差

项　　目	允许偏差/mm
受力钢筋沿长度方向全长的净尺寸	±10
弯起钢筋的弯折位置	±20
箍筋内净尺寸	±5

（二）质量检查与验收

（1）主控项目检验（表 6-4）

表 6-4 主控项目检验

序号	项目	合格质量标准及说明	检验方法	检查数量
1	力学性能检验	钢筋进场时，应按现行标准《钢筋混凝土用热轧带肋钢筋》（GB 1499）等的规定抽取试件做力学性能检验，其质量必须符合有关标准的规定	检查产品合格证、出厂检验报告和进场复验报告	按进场的批次和产品的抽样检验方案确定
2	抗震用钢筋强度等测值	对有抗震设防要求的框架结构，其纵向受力钢筋的强度应满足设计要求；当设计无具体要求时，对一、二、三级抗震等级，检验所得的强度实测值应符合下列规定： （1）钢筋的抗拉强度实测值与屈服强度实测值的比值应不小于 1.25； （2）钢筋的屈服强度实测值与强度标准值的比值应不大于 1.3	检查进场复验报告	
3	化学成分等专项检验	当发现钢筋脆断、焊接性能不良或力学性能显著不正常等现象时，应对该批钢筋进行化学成分检验或其他专项检验	检查化学成分等专项检验报告	按产品的抽样检验方案确定
4	受力钢筋的弯钩和弯折	受力钢筋的弯钩和弯折应符合下列规定： （1）HPB235 级钢筋末端应做 180°弯钩，其弯弧内直径应不小于钢筋直径的 2.5 倍，弯钩的弯后平直部分长度应不小于钢筋直径的 3 倍； （2）当设计要求钢筋末端需做 135°弯钩的弯后平直部分长度应符合设计要求； （3）钢筋做不大于 90°的弯折时，弯折处的弯弧内直径应不小于钢筋直径的 5 倍	钢尺检查	按每工作班同一类型钢筋、同一加工设备抽查应不少于 3 件
5	箍筋弯钩形式	除焊接封闭环式箍筋外，箍筋的末端应作弯钩，弯钩形式应符合下列规定： （1）箍筋弯钩的弯弧内直径除应满足上述表项 4 的规定外，还应不小于受力钢筋直径； （2）箍筋弯钩的弯折角度：对一般结构，应不小于 90°；对有抗震要求的结构，应为 135°； （3）箍筋弯后平直部分长度：对一般结构，不宜小于箍筋直径的 5 倍；对有抗震要求的结构，应不小于箍筋直径的 10 倍		

（2）一般项目检验（表 6-5）

表 6-5　一般项目检验

序号	项目	合格质量标准及说明	检验方法	检查数量
1	外观质量	钢筋应平直、无损伤，表面不得有裂纹、油污、颗粒状或片状老锈	观察	进场时和使用前全数检查
2	钢筋调直	钢筋调直宜采用无延伸功能机械设备调直，也可采用冷拉方法。当采用冷拉方法调直钢筋时，HPB235 级钢筋的冷拉率不宜大于 4%，HRB335 级、HRB400 级和 RRB400 级钢筋的冷拉率不宜大于 1%	观察、钢尺检查	按每工作班同一类型钢筋、同一加工设备抽查应不少于 3 件
3	钢筋加工的形状、尺寸	钢筋加工的形状、尺寸应符合要求，其偏差应符合表 6-3 的规定	钢尺检查	

四、钢筋连接

（一）质量控制要点

（1）钢筋连接方法有机械连接、焊接、绑扎搭接等。钢筋连接的外观质量和接头的力学性能，在施工现场，均应按国家现行标准《钢筋机械连接通用技术规程》（JGJ 107）和《钢筋焊接及验收规程》（JGJ 18）的规定抽取试件进行检验，其质量应符合规程的相关规定。

（2）进行钢筋机械连接和焊接的操作人员必须经过专业培训，持考试合格证上岗。

（3）钢筋连接所用的焊剂、套筒等材料必须符合检验认定的技术要求，并具有相应的出厂合格证。

（4）钢筋的接头宜设置在受力较小处，同一纵向受力钢筋不宜设置两个或两个以上接头，接头末端至钢筋弯起点距离不应小于钢筋直径的 10 倍。

（5）当受力钢筋采用机械接头或焊接接头时，设置在同一构件的接头宜相互错开。

（二）力学性能检验

（1）力学性能检验时，应在接头外观检查合格后随机抽取试件进行试验。试验方法应按现行行业标准《钢筋焊接接头试验方法标准》（JGJ T27）有关规定执行。试验报告应包括下列内容：工程名称、取样部位、批号、批量、钢筋牌号、规格、焊接方法、焊工姓名及考试合格证编号、施工单位、力学性能试验结果等。

（2）钢筋闪光对焊接头、电弧焊接头、电渣压力焊接头、气压焊接头拉伸试验结果均应符合下列要求：

1）3 个热轧钢筋接头试件的抗拉强度均不得小于该牌号钢筋规定的抗拉强度；RRB400 钢筋接头试件的抗拉强度均不得小于 570 N/mm^2。

2）至少应有两个试件断于焊缝之外，并应呈延性断裂。

当达到上述两项要求时，应评定该批接头为抗拉强度合格。

3）当试验结果有两个试件抗拉强度小于钢筋规定的抗拉强度，或 3 个试件均在焊缝或热影响区发生脆性断裂，则一次判定该批接头为不合格品。

4）当试验结果有1个试件的抗拉强度小于规定值，或两个试件在焊缝或热影响区发生脆性断裂，其抗拉强度均小于钢筋规定抗拉强度的1.10倍时，应进行复验。复验时，应再切取6个试件。复验结果当仍有1个试件的抗拉强度小于规定值，或有3个试件断于焊缝或热影响区，呈现脆性断裂，其抗拉强度小于钢筋规定抗拉强度的1.10倍时，应判定该批接头为不合格品。

5）闪光对焊接头、气压焊接头进行弯曲试验时，应将受压面的金属毛刺和镦粗凸起部分消除，且应与钢筋的外表齐平。

6）弯曲试验可在万能试验机、手动或电动液压弯曲试验器上进行，焊缝应处于弯曲中心点，弯心直径和弯曲角应符合表6-6的规定。

表6-6　接头弯曲试验指标

钢筋牌号	弯心直径 d/mm	弯曲角/（°）
HPB235	$2d$	90
HRB335	$4d$	
HRB400、RRB400	$5d$	
HRB500	$7d$	

注：d 为钢筋直径（mm）。

（3）直径大于25 mm的钢筋焊接接头，弯心直径应增加1倍钢筋直径。

1）当试件弯至90°时，试验结果有2个或3个试件外侧（含焊缝和热影响区）未发生破裂，应评定该批接头弯曲试验合格。

2）当3个试件均发生破裂，则一次判定该批接头为不合格品。当有两个试件发生破裂，应进行复验。复验时，应再切取6个试件。如复验结果仍有3个试件发生破裂时，应判定该批接头为不合格品。

（4）钢筋焊接骨架和焊接网

1）焊接骨架和焊接网的质量检验按下列规定抽取试件：

①凡钢筋牌号、直径及尺寸相同的焊接骨架和焊接网应视为同一类型制品，且每300件作为一批，一周内不足300件的也应按一批计算。

②外观检查应按同一类型制品分批检查，每批抽查5%，且不得少于5件。

③力学性能检验的试件应从每批成品中切取，切取过试件的制品，应补焊同牌号、同直径的钢筋，其每边的搭接长度应不小于两个孔格的长度。

④由不同直径钢筋组合的焊接骨架或焊接网，应对每种组合的焊点做力学性能检验。

⑤热轧钢筋的焊点应做剪切试验，试件应为3件。冷轧带肋钢筋焊点除做剪切试验外，还应对纵向和横向冷轧带肋钢筋做拉伸试验，试件应各为1件。

⑥焊接网剪切试件应沿同一横向钢筋随机切取。

⑦切取剪切试件时，应使制品中的纵向钢筋成为试件的受拉钢筋。

2）焊接骨架外观质量检查结果，应符合下列要求：

①每件制品的焊点脱落、漏焊数量不得超过焊点总数的4%，且相邻两焊点不得有漏

焊及脱落。

②应测量焊接骨架的长度和宽度，并应抽查纵、横方向 3～5 个网格的尺寸，其允许偏差应符合表 6-7 的规定。

表 6-7　焊接骨架的允许偏差

项　　目		允许偏差/mm
焊接骨架	长度	±10
	宽度	±5
	高度	±5
骨架箍筋间距		±10
受力主筋	间距	±15
	排距	±5

③当外观检查结果不符合上述要求时，应逐件检查，并剔出不合格品。对不合格品经整修后，可提交二次验收。

3）焊接网外形尺寸检查和外观质量检查结果，应符合下列要求：

①焊接网的长度、宽度及网格尺寸的允许偏差均为 ±10 mm，网片两对角线之差不得大于 10 mm；网格数量应符合设计规定。

②焊接网交叉点开焊数量不得大于整个网片交叉点总数的 1%，并且任意一根横筋上开焊点数不得大于该根横筋交叉点总数的 1/2；焊接网最外边钢筋上的交叉点不得开焊。

③焊接网组成的钢筋表面不得有裂纹、折叠、结疤、凹坑、油污及其他影响使用的缺陷，但焊点处可有不大的毛刺和表面浮锈。

④冷轧带肋钢筋试件拉伸试验结果，其抗拉强度不得小于 550 N/mm^2。

⑤当拉伸试验结果不合格时，应再切取双倍数量试件进行复检。复验结果均合格时，应评定该批焊接制品焊点拉伸试验合格。

（5）钢筋闪光对焊接头

1）闪光对焊接头的质量检验按下列规定抽取试件：

①在同一台班内，由同一焊工完成的 300 个同牌号、同直径钢筋焊接接头应作为一批。当同一台班内焊接的接头数量较少，可在一周之内累计计算。累计仍不足 300 个接头时，应按一批计算。

②力学性能检验时，应从每批接头中随机切取 6 个接头，其中 3 个做拉伸试验，3 个做弯曲试验。

③焊接等长的预应力钢筋（包括螺丝端杆与钢筋）时，可按生产时同等条件制作模拟试件。

④螺丝端杆接头可只做拉伸试验。

⑤封闭环式箍筋闪光对焊接头，以 600 个同牌号、同规格的接头作为一批，只做拉伸试验。

2）闪光对焊接头外观检查结果，应符合下列要求：

①接头处不得有横向裂纹。

②与电极接触处的钢筋表面不得有明显烧伤。

③接头处的弯折角不得大于3°。

④接头处的轴线偏移不得大于钢筋直径的0.1倍，且不得大于2 mm。

3）当模拟试件试验结果不符合要求时，应进行复验。复验应从现场焊接接头中切取，其数量和要求与初始试验相同。

（6）钢筋电弧焊接头

1）电弧焊接头的质量检验按下列规定抽取试件：

①在现浇混凝土结构中，应以300个同牌号钢筋、同形式接头作为一批，在房屋结构中，应在不超过二楼层中300个同牌号钢筋、同形式接头作为一批。每批随机切取3个接头，做拉伸试验。

②在装配式结构中，可按生产条件制作模拟试件，每批3个，做拉伸试验。

③钢筋与钢板电弧搭接焊接头可只进行外观检查。

2）电弧焊接头外观检查结果，应符合下列要求：

①焊缝表面应平整，不得有凹陷或焊瘤。

②焊接接头区域不得有肉眼可见的裂纹。

③咬边深度、气孔、夹渣等缺陷允许值及接头尺寸的允许偏差，应符合表6-8的规定。

表6-8　钢筋电弧焊接头尺寸偏差及缺陷允许值

<table>
<tr><th colspan="2" rowspan="2">名　称</th><th colspan="3">接　头　形　式</th></tr>
<tr><th>帮条焊</th><th>搭接焊钢筋与钢板搭接焊</th><th>坡口焊窄间隙烛熔槽帮条焊</th></tr>
<tr><td colspan="2">帮条沿接头中心线的纵向偏移/mm</td><td>0.3 d</td><td>—</td><td>—</td></tr>
<tr><td colspan="2">接头处弯折角/（°）</td><td>3</td><td>3</td><td>3</td></tr>
<tr><td colspan="2">接头处钢筋轴线的偏移/mm</td><td>0.1 d</td><td>0.1 d</td><td>0.1 d</td></tr>
<tr><td colspan="2">焊缝厚度/mm</td><td>+0.05 d
0</td><td>+0.05 d
0</td><td>—</td></tr>
<tr><td colspan="2">焊缝宽度/mm</td><td>+0.1 d
0</td><td>+0.1 d
0</td><td>—</td></tr>
<tr><td colspan="2">焊缝长度/mm</td><td>-0.3 d</td><td>-0.3 d</td><td>—</td></tr>
<tr><td colspan="2">横向咬边深度/mm</td><td>0.5</td><td>0.5</td><td>0.5</td></tr>
<tr><td rowspan="2">在长2 d焊缝表面上的气孔及夹渣</td><td>数量/个</td><td>2</td><td>2</td><td>—</td></tr>
<tr><td>面积/mm²</td><td>6</td><td>6</td><td>—</td></tr>
<tr><td rowspan="2">在全部焊缝表面上的气孔及夹渣</td><td>数量/个</td><td>—</td><td>—</td><td>2</td></tr>
<tr><td>面积/mm²</td><td>—</td><td>—</td><td>6</td></tr>
</table>

注：d为钢筋直径（mm）。

④坡口焊、熔槽帮条焊和窄间隙焊接头的焊缝余高不得大于3 mm。

3）当模拟试件试验结果不符合要求时，应进行复验。复验应从现场焊接接头中切取，其数量和要求与初始试验时相同。

（7）钢筋电渣压力焊接头

1）电渣压力焊接头的质量检验按下列规定抽取试件：

在现浇钢筋混凝土结构中，应以300个同牌号钢筋接头作为一批。在房屋结构中，应在不超过二楼层中300个同牌号钢筋接头作为一批。当不足300个接头时，仍应按一批计算。每批随机切取3个接头做拉伸试验。

2）电渣压力焊接头外观检查结果，应符合下列要求：

①四周焊包凸出钢筋表面的高度不得小于4 mm。

②钢筋与电极接触处，应无烧伤缺陷。

③接头处的弯折角不得大于3°。

④接头处的轴线偏移不得大于钢筋直径的0.1倍，且不得大于2 mm。

五、钢筋绑扎安装

（一）质量控制要点

（1）钢筋绑扎时，钢筋级别、直径、根数和间距应符合设计图纸的要求。

（2）柱子钢筋的绑扎，重点应注意搭接部位和箍筋间距（尤其是加密区箍筋间距和加密区高度），这对抗震地区尤为重要。若竖向钢筋采用焊接，要做抽样试验，从而保证钢筋接头的可靠性。

（3）对梁钢筋的绑扎，重点应注意锚固长度和弯起钢筋的弯起点位置。对抗震结构则要重视梁柱节点处，梁端箍筋加密范围和箍筋间距。

（4）对楼板钢筋，首先应重点注意防止支座负弯矩钢筋被踩塌而失去作用，再者应是垫好保护层垫块。

（5）对墙板的钢筋，重点应注意墙面保护层和内外皮钢筋间的距离，撑好撑铁。防止两皮钢筋向墙中心靠近，对受力不利。

（6）对楼梯钢筋，重点应注意梯段板的钢筋的锚固，以及钢筋变折方向不要弄错；防止弄错后在受力时出现裂缝。

（7）钢筋规格、数量、间距等在作隐蔽验收时一定要仔细核实。在一些规格不易辨认时，应用尺量或卡尺卡。保证钢筋配置的准确，也就保证了结构的安全。

（二）质量检查与验收

钢筋绑扎安装质量检验标准应符合表6-9的规定。

表 6-9　钢筋绑扎安装质量检验标准

序号	项目	合格质量标准及说明	检验方法	检查数量
主控项目	受力钢筋的品种、级别、规格和数量	钢筋安装时，受力钢筋的品种、级别、规格和数量必须符合设计要求	观察、钢尺检查	全数检查
一般项目	钢筋安装允许偏差	钢筋安装位置的允许偏差应符合表 6-10 的规定	见表 6-10	在同一检验批内，对梁、柱和独立基础，应抽查构件数量的 10%，且不少于 3 件；对墙和板，应按有代表性的自然间抽查 10%，且不少于 3 间；对大空间结构，墙可按相邻轴线间高度 5 m 左右划分检查面，板可按纵横线划分检查面，抽查 10%，且均不少于 3 面

表 6-10　钢筋安装位置的允许偏差和检验方法

项目			允许偏差/mm	检验方法
绑扎钢筋网	长、宽		±10	钢尺检查
	网眼尺寸		±20	钢尺量连续三档，取最大值
绑扎钢筋骨架	长		±10	钢尺检查
	宽、高		±5	钢尺检查
受力钢筋	间距		±10	钢尺量两端、中间各一点，取最大值
	排距		±5	
	保护层厚度	基础	±10	钢尺检查
		柱、梁	±5	钢尺检查
		板、墙、壳	±3	钢尺检查
绑扎箍筋、横向钢筋间距			±20	钢尺量连续三档，取最大值
钢筋弯起点位置			20	钢尺检查
预埋件	中心线位置		5	钢尺检查
	水平高差		+3，0	钢尺和塞尺检查

注：1. 检查预埋件中心线位置时，应沿纵、横两个方向量测，并取其中的较大值。
2. 表中梁类、板类构件上部纵向受力钢筋保护层厚度的合格点率应达到 90% 及以上，且不得超过表中的数值 1.5 倍尺寸偏差。

第三节　混凝土工程

一、质量的一般要求

（1）结构件的混凝土强度应按现行国家标准《混凝土强度检验评定标准》（GBJ 107）规定分批检验评定。当混凝土中掺用矿物掺合料时，确定混凝土强度时的龄期按现行国家标准《粉煤灰混凝土应用技术规范》（GBJ 146）等的规定取值。

（2）对采用蒸汽法养护的混凝土结构件，其混凝土试件应先随同结构构件同条件蒸汽养护，再转入标准条件养护 28 d。

（3）检验评定混凝土强度用的混凝土试件的尺寸及强度的尺寸换算系数应按表 6－11 取用，其标准成型方法、标准养护条件及强度试验方法应符合普通混凝土力学性能试验方法标准的规定。

表 6-11　混凝土试件的尺寸及强度的尺寸换算系数

骨料最大粒径/mm	试件尺寸/mm	强度的尺寸换算系数
≤31.5	100×100×100	0.95
≤40	150×150×150	1.00
≤63	200×200×200	1.05

注：1. 对强度等级为 C60 及以上的混凝土试件，其强度的尺寸换算系数可通过试验确定。
2. 本表摘自《混凝土结构工程施工质量验收规范》（GB 50204—2002）。

混凝土试件强度的试验方法应符合普通混凝土力学性能试验方法标准的规定。混凝土试件的尺寸应根据骨料的最大粒径确定。当采用非标准尺寸的试件时，其抗压强度应乘以相应的尺寸换算系数。

（4）结构件拆模、出池、出厂、吊装、张拉、放张及施工期间临时负荷时的混凝土强度，应根据同条件养护的标准尺寸试件的混凝土强度确定。

由于同条件养护试件具有与结构混凝土相同的原材料、配合比和养护条件，能有效代表结构混凝土的实际质量。在施工过程中，根据同条件养护的试件的强度来确定结构件的拆模、出池、出厂、吊装、张拉、放张及施工期间的负荷时的混凝土强度，是行之有效的方法。

（5）当混凝土试件强度评定不合格时，可根据国家现行有关标准采用回弹法超声回弹综合法、钻芯法、后装拔出法等推定结构的混凝土强度。应指出，通过检测得到的推定强度可作为判断结构是否需要处理的依据。

（6）室外日平均气温连续 5 d 稳定低于 5 ℃时，混凝土分项工程应采取冬期施工措施，具体要求应符合国家现行标准《建筑工程冬期施工规程》JGJ 104 的有关规定。

（7）混凝土应按国家标准《普通混凝土配合比设计规程》JGJ 55 的有关规定，根据混凝土强度等级，耐久性和工作性等要求进行配合比设计。

二、混凝土施工的质量控制要点

（一）搅拌机的选用

混凝土搅拌机按搅拌原理可分为自落式和强制式两种，其搅拌原理、机型及适用范围见表 6-12。

表 6-12 搅拌机的搅拌原理及适用范围

类别	搅拌原理	机型	适用范围
自落式	筒身旋转，带动叶片将物料提高，在重力作用下物料自由坠下，重复进行，互相穿插、翻滚、滑动、混合	鼓形	流动性及低流动性混凝土
		锥形	流动性、低流动性及干硬性混凝土
强制式	筒身固定、叶片旋转、对物料施加剪切、挤压、翻滚、滑动、混合	立轴	低流动性或干硬性混凝土
		卧轴	

（二）混凝土搅拌前材料质量检查

在混凝土拌制前，应对原材料质量进行检查，其检验项目见表 6-13。

表 6-13 材料质量的检查

材料名称		检查项目
水泥	散装	向仓管员按仓库号查验水泥品种、强度等级、出厂或进仓时间
	袋装	1. 检查袋上标注的水泥品种、强度等级、出厂日期 2. 抽查重量，允许误差 2% 3. 仓库内水泥品种、强度等级有无混放
砂、石子		1. 有无杂质 2. 砂的细度模数 3. 粗骨料的最大粒径、针片状及风化骨料含量
外加剂		溶液是否搅拌均匀，粉剂是否已按量分装好

（三）混凝土工程的施工配料计量

在混凝土工程的施工中，混凝土质量与配料计量控制关系密切。但施工现场有关人员为方便，往往是骨料按体积比，加水量由人工凭经验控制，这样即造成拌制的混凝土离散性很大，难以保证混凝土的质量，故混凝土的施工配料计量须符合下列规定：

（1）水泥、砂、石子、混合料等干料的配合比，应采用重量法计量，严禁采用容积法。

（2）水的计量必须在搅拌机上配置水箱或定量水表。

（3）外加剂中的粉剂可按比例先与水泥拌匀，或按水泥计量将粉剂每批比例用量称好，在搅拌时加入。溶液掺入先按比例稀释溶液，按用水量加入。

混凝土原材料每盘称量的允许偏差，不得超过表 6-14 的规定。

表 6-14 混凝土原材料称量的允许偏差

材料名称	允许偏差/kg
水泥、混合材料	±2%
粗、细骨料	±3%
水、外加剂	±2%

注：1. 各种衡器应定期校验、保持准确。

2. 骨料含水率应经常测定，雨天施工应增加测定次数。

（四）首拌混凝土的操作要求

上班第一拌的混凝土是整个操作混凝土的基础，其操作要求如下：

（1）空车运转的检查

1）旋转方向是否与机身箭头一致；

2）空车转速约比重车快 2 ~ 3 r/min；

3）检查时间为 2 ~ 3 min。

（2）上料前应先启动，待正常运转后方可进料。

（3）为补偿黏附在机内的砂浆，第一拌减少石子约 30%，或多加水泥、砂各 15%。

（五）混凝土搅拌时间

搅拌混凝土的目的是所有骨料表面都涂满水泥浆，从而使混凝土各种材料混合成匀质体。因此，必需的搅拌时间与搅拌机类型、容量和配合比有关。混凝土搅拌的最短时间可按表 6-15 采用。

表 6-15　混凝土搅拌的最短时间　　单位：s

混凝土坍落度/mm	搅拌机机型	搅拌机出料量		
		<250 L	250 ~ 500 L	>500 L
≤30	强制式	60	90	120
	自落式	90	120	150
>30	强制式	60	60	90
	自落式	90	90	120

注：1. 混凝土搅拌的最短时间系指自全部材料装入搅拌筒中起，到开始卸料时止的时间。
2. 当掺有外加剂时，搅拌时间应适当延长。
3. 全轻混凝土宜采用强制式搅拌机搅拌，较轻混凝土可采用自落式搅拌机搅拌，但搅拌时间应延长 60 ~ 90 s。
4. 采用强制式搅拌机搅拌轻骨料混凝土的加料顺序是：当轻骨料在搅拌前预湿时，先加粗、细骨料和水泥搅拌 30 s，再加水继续搅拌；当轻骨料在搅拌前未预湿时，先加 1/2 的总用水量和粗、细骨料搅拌 60 s，再加水泥和剩余用水量继续搅拌。
5. 当采用其他形式的搅拌设备时，搅拌的最短时间应按设备说明书的规定或经试验确定。

（六）混凝土浇捣的质量控制要点

（1）混凝土浇捣前的准备

1）对模板，支架，钢筋，预埋螺栓，预埋铁的质量、数量、位置逐一检查，并做好记录。

2）与混凝土直接接触的模板、地基基础、未风化的岩石，应清除淤泥和杂物，用水湿润。地基基础应有排水和防水措施。模板中的缝隙孔应堵严。

3）混凝土自由倾落高度不宜超过 2 m。

4）根据工程需要和气候特点，应准备好抽水设备及防雨、防暑、防寒等物品。

（2）混凝土浇捣过程中的质量要求

1）分层浇捣与浇捣时间的质量要求：

①分层浇捣为了保证混凝土的整体性，浇捣工作原则上要求一次完成。但由于振捣机具性能、配筋等原因，混凝土需要分层浇捣时，其浇筑层的厚度，应符合表 6-16 的规定。

表 6-16　混凝土浇筑层厚度

捣实混凝土的方法		浇筑层的厚度/mm
插入式振捣		振捣器作用部分长度的 1.25 倍
表面振动		200
人工捣固	在基础、无筋混凝土或配筋稀疏的结构中	250
	在梁、墙板、柱结构中	200
	在配筋密列的结构中	150
轻骨料混凝土	插入式振捣	300
	表面振动（振动时需加荷）	200

②浇捣的时间间隔。浇捣混凝土应连续进行。当必须间歇时，其间歇时间应尽量缩短，并应在前层混凝土凝结之前，将次层混凝土浇筑完毕。前层混凝土凝结时间的标准，不得超过表 6-17 的规定，否则应留施工缝。

表 6-17　混凝土凝结时间　　单位：min

混凝土强度等级	气温	
	不高于 25℃	高于 25℃
≤C30	210	180
>C30	180	150

注：凝结时间从出搅拌机起计。

2）采用振捣器振实混凝土时，每一振点的振捣时间，应将混凝土捣实至表面呈现浮浆和不再沉落为止。

①采用插入式振捣器振捣时，普通混凝土的移动间距，不宜大于作用半径的 1.5 倍，振捣器距离模板不应大于振捣器作用半径的 1/2，并应尽量避免碰撞钢筋、模板、芯管、吊环、预埋件等。为使上、下层混凝土结合成整体，振捣器应插入下层混凝土 5 cm。

②表面振动器，其移动间距应能保证振动器的平板覆盖已振实部分的混凝土边缘。对于表面积较大的平面构件，当厚度小于 20 cm 时，采用一般表面振动器振捣即可，但厚度大于 20 cm 时，最好先用插入式振捣器振捣后，再用表面振动器振实。

③采用振动器振实干硬性混凝土时，宜采用加压振实的方法，加压重量为 1～3 kN/m^2。

3）在浇筑与柱和墙连成整体的梁与板时，应在柱和墙浇捣完毕后停歇 1～1.5 h，再继续浇筑。梁和板宜同时浇筑混凝土，拱和高度大于 1 m 的梁等结构，可单独浇筑混凝土。

4）大体积混凝土的浇筑应按施工方案合理分段、分层进行，浇筑应在室外气温较高时进行，但混凝土浇筑温度不宜超过 28℃。

（3）施工缝

1）施工缝留设原则：混凝土施工缝应在混凝土浇筑前按设计要求和施工技术方案确定留设。

施工缝位置应尽可能留置在受剪力较小的部位，并便于施工。承受动力荷载的设备基础，原则上不留置施工缝，当必须留置时，应符合设计要求并按施工技术方案执行。

2）常见的施工缝留置部位：

①柱子。柱子混凝土施工缝为水平施工缝。宜留置在基础与柱子的交接处、框架梁的下面及上面（楼面处）、无梁楼盖柱帽的下面、吊车梁牛腿的下面、吊车梁的上面等。在框架结构中，如梁的负筋向下弯入柱内，施工缝也可设置在这些钢筋的下端，以便钢筋的绑扎。

②梁。梁的混凝土施工缝一般为直施工缝（不得留成斜面）和水平施工缝。当梁高度大于 1 m 时可按设计或施工技术方案的要求留置水平施工缝。有主次梁的楼盖结构，施工缝应留置在次梁上约 1/3 跨度处，而不应留置在主梁上。

③板。单向板可在平行于短边的任何位置留置混凝土施工缝，也可以在次梁施工缝位置同时设置楼板施工缝。双向板施工缝应按设计要求留置。

④楼梯。现浇钢筋混凝土楼梯常采用板式楼梯。楼梯施工缝可留置在 1/3 跑的位置。也有的将楼梯施工缝留置在平台梁上。

⑤墙。留置在门洞口过梁 1/3 跨度处，也可以留置在纵横墙的交接处。

⑥大体积混凝土结构、拱、薄壳、蓄水池、多层钢架等，应按设计要求留置施工缝。

3）混凝土施工缝的处理，施工缝的处理应按施工技术方案执行。一般应注意以下几点：

①施工缝处继续浇筑混凝土时，应在混凝土的抗压强度不小于 1.2 MPa 后方可进行。

②清理。要清理干净混凝土表面的浮浆、松动的石子、软弱的混凝土层、可能存在的杂物等。

③湿润。用清水湿润，但不得积水。

④接浆（做结合层）。对竖向结构件（墙、柱），先在底部填筑一层 50 ~ 100 mm 厚的与所浇混凝土内水泥砂浆成分相同的水泥砂浆。对梁类、板类构件，先铺水泥浆一层（水泥：水 =1：0.4）或与所浇混凝土内水泥砂浆成分相同的水泥砂浆一层，厚 10 ~ 15 mm。

⑤振捣。要细致振捣，保证混凝土密实和结合紧密。

（4）后浇带

1）后浇带：后浇带是指在现浇整体钢筋混凝土结构中，只在施工期间保留的临时性沉降收缩变形缝，并根据工程条件，保留一定的时间后，再用混凝土浇筑密实成为连续整体、无沉降、收缩缝的结构。

2）后浇带特点：

①后浇带在施工期间存在，是一种特殊的、临时性沉降缝和收缩缝。

②后浇带的钢筋一次成型，混凝土后浇。

③后浇带既可以解决超大体积混凝土浇筑中的施工问题，又可以解决高低结构的沉降变形协调问题。

3）后浇带的设置：结构设计中由于考虑沉降原因而设计的后浇带，施工中应严格按设计图纸留置。由于施工原因而需要协调后浇带时，应视工程具体情况而定，留设的位置应经设计单位认可。

4）后浇带的保留时间：后浇带的保留时间，在设计无要求时，应不少于 40 d，在不影响施工进度的情况下，保留 60 d。在一些工程中，设计单位对后浇带的保留时间有特殊要求，应按设计要求进行保留。

5）后浇带的保护：基础承台的后浇带留设后，应采取保护措施，防止垃圾杂物掉入后浇带内。保护措施可采用木盖板覆盖在承台的上皮钢筋上，盖板两边应比后浇带各宽出 500 mm 以上。地下室外墙竖向后浇带的保护措施可采用砌砖保护。

6）后浇带的封闭：后浇带无论采用何种设置，都必须在封闭前仔细地将整个混凝土表面浮浆凿清，并形成毛面，彻底清除后浇带中的垃圾杂物，并隔夜浇水湿润。底板及地下室外墙的后浇带的止水处理，按设计要求及相应的施工验收规范进行。

后浇带的封闭材料应采用比设计强度等级提高一级的无收缩混凝土（可在普通混凝土中掺入膨胀剂）浇筑振捣密实，并保持不少于 30 d 的保温、保湿养护。

7）后浇带施工要求：

①使用膨胀剂和外加剂的品种，应根据工程性质和现场施工条件选择，并事先通过试验确定配合比。

②所有膨胀剂和外加剂必须具有出厂合格证及产品技术资料，并符合相应标准的要求。

③由于膨胀剂的掺量直接影响混凝土的质量，如超过适宜掺量，会使混凝土产生膨胀破坏。低于要求掺量，会使混凝土的膨胀率达不到要求。因此，要求膨胀剂的掺量由专人负责。混凝土应搅拌均匀，如搅拌不均匀会产生局部过大的膨胀，造成工程事故，所以应将掺膨胀剂的混凝土搅拌时间适当延长。

④混凝土浇筑 12 h 内，应采取保温保湿条件下的养护。

⑤浇筑后浇带的混凝土如有抗渗要求，应按有关规定制作抗渗试块。

8）后浇带质量标准：后浇带施工时模板应支撑安装牢固，钢筋应进行清理整形，施工的质量应满足钢筋混凝土设计和施工验收规范的要求，以保证混凝土密实不渗水和不产生有害裂缝。

（七）混凝土养护质量控制要点

混凝土浇筑完毕后应按施工技术方案及时采取有效的养护措施并应符合下列规定：

（1）应在浇筑完毕后的 12 h 以内对混凝土加以覆盖并保湿养护。

（2）混凝土浇水养护的时间：对采用硅酸盐水泥、普通硅酸盐水泥或矿渣硅酸盐水泥拌制的混凝土不得小于 7 d，对掺用缓凝型外加剂或有抗渗要求的混凝土不得少于 14 d。

（3）浇水次数应能保持混凝土处于湿润状态，混凝土养护用水应与拌制用水相同。

（4）采用塑料布覆盖养护的混凝土其敞露的全部表面应覆盖严密，并应保持塑料布内有凝结水。

（5）混凝土强度达到 1.2 N/mm^2 前不得在其上踩踏或安装模板及支架。

三、质量检查与验收

（一）主控项目检验

主控项目检验见表 6-18。

表 6-18　主控项目检验

序号	项目	合格质量标准	检验方法	检查数量
1	混凝土强度等级、试件的取样和留置	结构混凝土的强度等级必须符合设计要求。用于检查结构构件混凝土强度的试件，应在混凝土的浇筑地点随机抽取。取样与试件留置应符合下列规定： （1）每拌制 100 盘且不超过 100 m^3 的同配合比的混凝土，取样不得少于一次； （2）每工作班拌制的同一配合比的混凝土不足 100 盘时，取样不得少于一次； （3）当一次连续浇筑超过 1 000 m^3 时，同一配合比的混凝土每 200 m^3 取样不得少于一次； （4）每一楼层、同一配合比的混凝土，取样不得少于一次； （5）每次取样应至少留置一组标准养护试件，同条件养护试件的留置组数应根据实际需要确定	检查施工记录及试件强度试验报告	全数检查
2	混凝土抗渗、试件取样和留置	对有抗渗要求的混凝土结构，其混凝土试件应在浇筑地点随机取样。同一工程、同一配合比的混凝土，取样应不少于一次，留置组数可根据实际需要确定	检查试件抗渗试验报告	
3	原材料每盘称量的允许偏差	混凝土原材料每盘称量的允许偏差应符合表 6-19 的规定	复称	每工作班抽查应不少于一次
4	混凝土初凝时间控制	混凝土运输、浇筑及间歇的全部时间不应超过混凝土的初凝时间。同一施工段的混凝土应连续浇筑，并应在底层混凝土初凝之前将上一层混凝土浇筑完毕； 当底层混凝土初凝后浇筑上一层混凝土时，应按施工技术方案中对施工缝的要求进行处理	观察、检查施工记录	全数检查

表 6-19　原材料每盘称量的允许偏差

材　料　名　称	允　许　偏　差
水泥、掺合料	±2%
粗、细骨料	±3%
水、外加剂	±2%

注：1. 各种衡器应定期校验，每次使用前应进行零点校核，保持计量准确。

2. 当遇雨天或含水率有显著变化时，应增加含水率检测次数，并及时调整水和骨料的用量。

3. 本表摘自《混凝土结构工程施工质量验收规范》（GB 50204—2002）。

（二）一般项目检验

一般项目检验见表6-20。

表 6-20 一般项目检验

序号	项目	合格质量标准	检验方法	检查数量
1	施工缝的位置及处理	施工缝的位置应在混凝土浇筑前按设计要求和施工技术方案确定。施工缝的处理应按施工技术方案执行	观察、检查施工记录	全数检查
2	后浇带的位置及处理	后浇带的留置位置应按设计要求和施工技术方案确定，后浇带混凝土浇筑按施工技术方案进行		
3	混凝土养护	混凝土浇筑完毕后，应按施工技术方案及时采取有效的养护措施，并应符合下列规定： （1）应在浇筑完毕后的12 h以内对混凝土加以覆盖并保湿养护； （2）混凝土浇水养护时间：对采用硅酸盐水泥、普通硅酸盐水泥或矿渣硅酸盐水泥拌制的混凝土，不得少于7 d；对掺用缓凝型外加剂或有抗渗要求的混凝土，不得少于14 d； （3）浇筑次数应能保持混凝土处于湿润状态，混凝土养护用水应与拌制用水相同； （4）采用塑料布覆盖养护的混凝土，其敞露的全部表面应覆盖严密，并应保持塑料布内有凝结水； （5）混凝土强度达到1.2 N/mm^{2}前，不得在其上踩踏或安装模板及支架	观察、检查施工记录	全数检查

注：1. 当日平均气温低于5℃时，不得浇水。
2. 当采用其他品种水泥时，混凝土的养护时间应根据所采用水泥的技术性能确定。
3. 混凝土表面不便浇水或使用塑料布时，宜涂刷养护剂。
4. 对大体积混凝土的养护，应根据气候条件按施工技术采取控温措施。

复习思考题

1. 简述模板安装质量控制要点。
2. 简述模板拆除质量控制要点。
3. 试说明如何控制钢筋原材料的质量。
4. 试述钢筋连接的力学性能检验的主要内容。
5. 试述钢筋绑扎安装的质量控制要点。
6. 试述如何进行混凝土搅拌前材料质量检查和施工配料计量。
7. 简述混凝土浇捣的质量控制要点。
8. 试述混凝土养护的质量控制要点。

第七章　钢结构工程质量控制

第一节　原材料及成品进场

一、材料质量控制要点

（1）为保证采购的产品符合规定的要求，应选择适合的供货方。

（2）对用于工程的主要材料，进场时必须具备正式的出厂合格证和材质证明书。如不具备或证明资料有疑义，应抽样复验，只有试验结果达到国家标准的规定和技术文件的要求时方可采用。

（3）工程中所有的钢构件必须有出厂合格证和有关质量资料。由于运输安装中出现的构件质量问题，应进行分析研究，制定纠正措施并落实。

（4）凡标识不清或怀疑质量有问题的材料、钢结构件，受工程重要性程度决定应进行一定比例试验的材料，需要进行追踪检验，为控制和保证材料和钢结构件等质量的可靠性，均应进行抽检，对于进口材料应进行商检。

（5）材料质量抽样的检验方法，应符合国家有关标准和设计要求，要能反映该批材料的质量特性，对于重要的构件应按合同或设计规定增加取样的数量。

（6）对材料的性能、质量标准、适用范围和对施工的要求必须充分了解，慎重选择和使用材料。如焊条的选用应符合母材的等级，油漆应注意上、下层的用料选择。

（7）材料的代用要征得设计者的认可。

二、原材料及成品管理

（1）加强对材料的质量控制，材料进厂必须按规定的技术条件进行检验，合格后方可入库和使用。

（2）钢材应按种类、材质、炉号（批号）、规格等分类平整堆放，并做好标记。

（3）焊材必须分类堆放，并有明显标志，不得混放，焊材库必须干燥通风，严格控制库内温度和湿度。

（4）高强度螺栓存放应防潮、防雨、防粉尘，并按类型、规格、批号分类存放保管。对长期保管或保管不善而造成螺栓生锈及沾染脏物等可能改变螺栓的扭矩系数或性能的螺栓，应视情况进行清洗、除锈和润滑等处理，并对螺栓进行扭矩系数或预拉力检验，合格后方可使用。

（5）压型金属板应按材质、规格分批平整堆放，并妥善保管，防止发生擦痕、泥砂油污、明显凹凸和褶皱。

（6）由于油漆和耐火涂料属于时效性物资，库存积压易过期失效，故宜先进先用，注意时效管理。对因存放过久，超过使用期限的涂料，应取样进行质量检测，检测项目按产品标准的规定或设计部门的要求进行。

（7）企业应建立严格的进料验证、入库、保管、标记、发放和回收制度，使影响产品质量的材料处于受控状态。

第二节　钢结构的连接

在钢结构工程中，常将两个或两个以上的零件，按一定形式和位置连接在一起。这些连接可分为两个大类：一类是可拆卸的连接（紧固件连接），另一类是永久性不可拆卸的连接（焊接连接）。

一、钢结构焊接

由于焊接技术的迅速发展，使它具有节省金属材料，减轻结构重量，简化加工和装配工序，接头密封性能好，能承受高压，容易实现机械化和自动化生产，缩短建设工期，提高生产效率等一系列优点，焊接连接在钢结构和高层钢结构建筑工程中，所占的比例越来越高，因此，提高焊接质量成了至关重要的任务。

（一）焊接准备的一般规定

（1）从事钢结构各种焊接工作的焊工，应按现行国家标准《建筑钢结构焊接规程》JGJ 81的规定经考试并取得合格证后，方可进行操作。

（2）在钢结构中首次采用的钢种、焊接材料、接头形式、坡口形式及工艺方法，应按《建筑钢结构焊接规程》和《钢制压力容器焊接工艺评定》的规定进行焊接工艺评定，其评定结果应符合设计要求。

（3）焊接材料的选择应与母材的机械性能相匹配。对低碳钢一般按焊接金属与母材等强度的原则选择焊接材料；对低合金高强度结构钢一般应使焊缝金属与母材等强或略高于母材，但不应高出50 MPa，同时焊缝金属必须具有优良的塑性、韧性和抗裂性，当不同强度等级的钢材焊接时，宜采用与低强度钢材相适应的焊接材料。

（4）焊条、焊剂、电渣焊的熔化嘴和栓钉焊保护瓷圈，使用前应按技术说明书规定的烘焙时间进行烘焙，然后转入保温。低氢型焊条经烘焙后放入保温筒内随用随取。

（5）母材的焊接坡口及两侧30～50 mm范围内，在焊前必须彻底清除氧化皮、熔渣、锈、油、涂料、灰尘、水分等影响焊接质量的杂质。

（6）构件定位焊的长度和间距，应视母材的厚度、结构形式和拘束度来确定。

（7）钢结构的焊接，应视（钢种、板厚、接头的拘束和焊接缝金属中的含氢量等因素）钢材的强度及所用的焊接方法来确定合适的预热温度和方法。

碳素结构钢厚度大于50 mm、低合金高强度结构钢厚度大于36 mm，其焊接前预热温度宜控制在100～150 ℃。预热区在焊道两侧，其宽度各为焊件厚度的2倍以上，且不应小于100 mm。

（8）因降雨、雪等使母材表面潮湿（相对湿度＞80%）或大风天气，不得进行露天焊接。但焊工及被焊接部分如果被充分保护且对母材采取适当处置（如加热、去潮）时，可进行焊接。

当采用CO_2半自动气体保护焊时，环境风速大于2 m/s时原则上应停止焊接，但若采用适当的挡风措施或采用抗风式焊机时，仍允许焊接（药芯焊线弧焊可不受此限制）。

（二）焊接施工的一般规定

（1）引弧应在焊道处进行，严禁在焊道区以外的母材上打火引弧。焊缝终端的弧坑必须填满。

（2）对接焊接

1）不同厚度的工件对接，其厚板一侧应加工成平缓过渡形状，当板厚差超过 4 mm 时，厚板一侧应加工成 1：2.5～1.5 的斜度，对接处与薄板等厚。

2）T 形接头、十字接头、角接接头等要求熔透的对接和角接组合焊缝，焊接时应增加对母材厚度 1/4 以上的加强角焊缝尺寸。

（3）填角焊接

1）等角填角焊缝的两侧焊角，不得有明显差别；对不等角填角焊缝，要注意确保焊角尺寸，并使焊趾处平滑过渡。

2）焊成凹形的角焊缝，焊缝金属与母材间应平缓过渡；加工成凹形的角焊缝不得在其表面留下切痕。

3）当角焊缝的端部在构件上时，转角处宜连续包角焊，起落弧点不宜在端部或棱角处，应距焊缝端部 10 mm 以上。

（4）部分熔透焊接，焊前必须检查坡口深度，以确保要求的焊缝深度，当采用手工电弧焊时，打底焊宜采用 ϕ3.2 mm 或以下的小直径焊条，以确保足够的熔透深度。

（5）多层焊接宜连续施焊，每一层焊完后应及时清理检查，如发现有影响质量的缺陷，必须清除后再焊。

（6）焊接完毕，焊工应清理焊缝表面的熔渣及两侧的飞溅物，检查焊缝外沟质量，合格后在工艺规定的部位打上焊工钢印。

（7）不良焊接的修补

1）焊接同一部位的返修次数，不宜超过两次，超过两次时，必须经过焊接责任工程师核准后，方可按返修工艺进行。

2）焊缝出现裂缝时，焊工不得擅自处理，应及时报告焊接技术负责人查清原因，制订出修补措施，方可处理。

3）对焊缝金属中的裂纹，在修补前应用无损检测方法确定裂纹的界线范围，在去除时，应自裂纹的端头算起，两端至少各加 50 mm 的焊缝一同去除后再进行修补。

4）对焊接母材中的裂纹，原则上应更换母材，但是在得到技术负责人认可后，可以采用局部修补措施进行处理，主要受力构件必须得到原设计单位的确认。

（8）栓钉焊

1）采用栓钉焊机进行焊接时，一般应使工件处于水平位置。

2）每天施工作业前，应在与构件相同的材料上先试焊 2 只栓钉，然后进行 30°的弯曲试验，只有当挤出焊脚达到 360°，且无热影响区裂纹时，方可进行正式焊接。

（三）焊接质量控制要点

（1）焊接质量检验包括资料检查和实物检查，其中实物检查又包括外观检查和内部缺陷检查。

（2）焊接材料与母材的匹配应符合设计要求及国家现行行业标准《建筑钢结构焊接

技术规程》JGJ 81 的规定。焊接材料在使用前应按其产品说明书及焊接工艺文件的规定进行烘焙和存放。

（3）焊工必须经考试合格并取得合格证书。持证焊工必须在其考试合格项目及其认可范围内施焊。

（4）焊接工艺评定符合要求。

（5）焊缝内部缺陷检查

1）钢结构焊缝内部缺陷检查一般采用无损检验的方法，主要方法有超声波探伤（UT）、射线探伤（RT）、磁粉探伤（MT）、渗透探伤（PT）等。碳素结构钢应在焊缝冷却到环境温度，低合金结构应在完成焊接 24 h 以后进行焊缝探伤检验。

2）设计要求全焊透的一级、二级焊缝应采用超声波探伤进行内部缺陷的检验，超声波探伤不能对缺陷作出判断时，应采用射线探伤，其内部缺陷分级及探伤方法应符合现行国家标准《钢焊缝手工超声波探伤方法和探伤结果分级法》GB 11345 或《钢熔化焊对接接头射线照相质量分级》GB 3323 的规定。

3）焊接球节点网架焊缝、螺栓球节点网架焊缝及圆管 T、K、Y 形节点相关线焊缝，其内部缺陷分级及探伤方法应分别符合国家现行标准《焊接球节点钢网架焊缝超声波探伤方法及质量分级法》JBJ/T 3034.1、《螺栓球节点钢网架焊缝超声波探伤方法及质量分级法》JBJ/T 3034.2、《建筑钢结构焊接技术规程》JGJ 81 的规定。

4）一级、二级焊缝的质量等级及缺陷分级应符合表 7-1 的规定。

表 7-1　一、二级焊缝的质量等级及缺陷分级

焊缝质量等级		一　级	二　级
内部缺陷超声波探伤	评定等级	Ⅱ	Ⅲ
	检验等级	B 级	B 级
	探伤比例	100%	100%
内部缺陷射线探伤	评定等级	Ⅱ	Ⅲ
	检验等级	AB 级	AB 级
	探伤比例	100%	20%

注：探伤比例的计数方法应按以下原则确定：（1）对工厂制作焊缝，应按每条焊缝计算百分比，且探伤长度应不小于 200 mm，当焊缝长度不足 200 mm 时，应对整条焊缝进行探伤；（2）对现场安装焊缝，应按同一类型、同一施焊条件的焊缝条数计算百分比，探伤长度应不小于 200 mm，并应不少于 1 条焊缝。

5）凡属局部探伤的焊缝，若发现有不允许的缺陷时，应在该缺陷两端的延伸部位增加探伤长度，增加的长度为该焊缝长度的 10%，且不应小于 200 mm，若仍有不允许的缺陷时，则对该焊缝百分之百进行检查。

（6）焊缝外观检查

1）焊缝外观检查方法主要是目视观察，用焊缝检验尺检查，即采用肉眼或低倍放大镜、标准样板和量规等检测工具检查焊缝的外观。

2）焊缝表面不得有裂纹、焊瘤等缺陷。一级、二级焊缝不得有表面气孔、夹渣、弧坑裂纹、电弧擦伤等缺陷。且一级焊缝不得有咬边、未焊满、根部收缩等缺陷。

3）二级、三级焊缝外观质量标准应符合表 7-2 的规定。三级对接焊缝应按二级焊缝标准进行外观质量检验。

表 7-2　二、三级焊缝外观质量标准

项　　目	允许偏差/mm	
缺陷类型	二　　级	三　　级
未焊满（指不足设计要求）	≤0.2+0.02t，且≤1.0	≤0.2+0.04t，且≤2.0
	每 100.0 焊缝内缺陷总长≤25.0	
根部收缩	≤0.2+0.02t，且≤1.0	≤0.2+0.04t，且≤2.0
	长度不限	
咬　　边	≤0.05t，且≤0.5；连续长度≤100.0，且焊缝两侧咬边总长≤10%焊缝全长	≤0.1t，且≤1.0，长度不限
弧坑裂纹	—	允许存在个别长度≤5.0 的弧坑裂纹
电弧擦伤	—	允许存在个别电弧擦伤
接头不良	≤缺口深度 0.05t，且≤0.5	≤缺口深度 0.1t，且≤1.0
	每 1 000.0 焊缝不应超过 1 处	
表面夹渣	—	深≤0.2t，长≤0.5t，且≤20.0
	—	每 50.0 焊缝长度内允许直径≤0.4t，且≤3.0 的气孔 2 个，孔距≥6 倍孔径

注：表内 t 为连接处较薄的板厚。

4）焊缝尺寸允许偏差应符合表 7-3 的规定。

表 7-3　对接焊缝及完全熔透组合焊缝尺寸允许偏差

序号	项　　目	图　　例	允许偏差/mm	
			一、二级	三　　级
1	对接焊缝余高 C	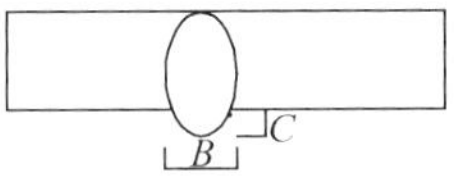	$B<20$：0～3.0 $B\geq20$：0～4.0	$B<20$：0～4.0 $B\geq20$：0～5.0
2	对接焊缝错边 D	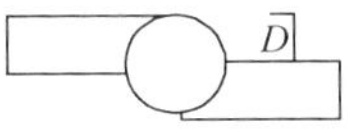	$D<0.15t$，且≤2.0	$D<0.15t$，且≤2.0

5）焊缝观感应达到以下要求：外形均匀，成型较好，焊道与焊道、焊道与基本金属间过渡较平滑，焊渣和飞溅物基本清除干净。

（7）栓钉焊检验

1）栓钉焊后，应按每批同类构件的 10%且不少于 10 件进行随机弯曲试验抽查，抽查率为 1%，试验时用锤击栓钉头部，使栓钉弯曲 30°，观察挤出焊脚达到 360°且热影响区无肉眼可见的裂纹，认为合格。

2）焊钉根部焊脚应均匀，焊脚立面的局部未熔合或不足 360°的焊脚应进行修补。

二、钢结构紧固件连接

紧固件连接是用铆钉、普通螺栓、高强度螺栓将两个以上的零件或构件连接成整体的一种钢结构连接方法。它具有结构简单，紧固可靠，装拆迅速方便等优点，所有运用极为广泛。

（一）铆接施工的一般规定

（1）冷铆

铆钉在常温状态下的铆接称为冷铆。冷铆前，为清除硬化，提高材料的塑性，铆钉必须进行退火处理，用铆钉枪时，铆钉直径不应超过 13 mm ，用铆接机冷铆时，铆钉最大直径不得超过 25 mm，铆钉直径小于 8 mm 时常用手工冷铆。

手工冷铆时，先将铆钉穿过钉孔，用顶模顶住，将板料压紧后用手锤锤击镦粗钉杆，再用手锤的球形头部锤击，使其成为半球状，最后用罩模罩在钉头上沿各方向倾斜转动，并用手锤均匀锤击，这样能获得半球形铆钉头。如果锤击次数过多，材质将由于冷作用而硬化，致使钉头产生裂纹。

冷铆的操作工艺简单且迅速，铆钉孔比热铆填充得紧密。

（2）拉铆

拉铆是冷铆的另一种铆接方法。它利用手工压缩空气作为动力，通过专用工具，使铆钉和被铆件铆合。

拉铆的主要材料和工具是抽芯铆钉和风动（或手动）拉铆枪。拉铆过程就是利用风动拉铆枪，将抽芯铆钉的芯棒夹住，同时，枪端顶住铆钉头部，依靠压缩空气产生的向后拉力，芯棒的凸肩部分对铆钉产生压缩变形，形成铆钉头。同时，芯棒的颈缩受拉断裂而被拉出。

（3）热铆

铆钉加热后的铆接称为热铆。当铆钉直径较大时应采用热铆。铆钉加热的温度，取决于铆钉的材料和施铆的方式。用铆钉枪铆接时，铆钉需加热到 1 000 ~ 1 100 ℃；用铆接机铆接时，铆钉需加热到 650 ~ 670 ℃。

当热铆时，除形成封闭钉头外，同时铆钉杆应镦粗而充满钉孔。冷却时，铆钉长度收缩，使被铆接的板件间产生压力，而造成很大的摩擦力，从而产生足够的连接强度。

（二）普通螺栓施工的一般规定

（1）螺母和螺钉的装配应符合以下要求

1）螺母或螺钉与零件贴合的表面要光洁、平整，贴合处的表面应当经过加工，否则容易使连接件松动或使螺钉弯曲。

2）螺母或螺钉和接触面之间应保持清洁，螺孔内的脏物应当清理干净。

3）拧紧成组的螺母时，必须按照一定的顺序进行，并做到分次序逐步拧紧，否则会使零件或螺杆产生松紧不一致，甚至变形。在拧紧长方形布置成组螺母时，必须从中间开始，逐渐向两边对称地扩展；在拧紧方形或圆形布置的成组螺母时，必须对称进行。

4）装配时，必须按照一定的拧紧力矩来拧紧，因为拧紧力矩太大时，会出现螺栓或螺钉拉长，甚至断裂和被连接件变形等现象。拧紧力矩太小时，就不可能保证被连接件在工作时的可靠性和正确性。

（2）螺纹连接性能

一般的螺纹连接都具有自锁性，在静荷载和工作温度变化不大时，不会自行松脱。但在冲击、振动或变荷作用下，以及在工作温度变化很大时，这种连接有可能自松，影响工作，甚至发生事故。为了保证连接安全可靠，对螺纹连接必须采取有效的防松措施。

一般常用的防松措施有增大摩擦力、机械防松和不可拆三大类。

1）增大摩擦力的防松措施：这类防松措施是使拧紧的螺纹之间不因外载荷变化而失去压力，因而始终有摩擦阻力防止连接松脱。但这种方法不十分可靠，所以多用于冲击和振动不剧烈的场合。常用的措施有弹簧垫圈和双螺母。

2）机械防松：这类防松措施是利用各种止动零件，阻止螺纹零件的相对转动来实现防松。机械防松可靠，所以应用很广。常用的措施有开口销与槽形螺母、止退垫圈与圆螺母、止动垫圈与螺母或螺钉、串联钢丝等。

3）不可拆的防松措施：利用点焊、点铆等方法把螺母固定在螺栓或被连接件上，或者把螺钉固定在被连接零件上，达到防松目的。

（三）高强度螺栓施工的一般规定

（1）高强度螺栓的连接形式

高强度螺栓的连接形式有：摩擦连接、张拉连接和承压连接三种。

1）摩擦连接是高强度螺栓拧紧后，产生强大夹紧力来夹紧板束，依靠接触面间产生的抗剪摩擦力传递与螺杆垂直方向应力的连接方法。

2）张拉连接是螺杆只承受轴向拉力，在螺栓拧紧后，连接的板层间的压力减少，外力完全由螺栓承担。

3）承压连接是在螺栓拧紧后所产生的抗滑移力及螺栓孔内和连接钢板产生的承压力来传递应力的一种方法。

（2）摩擦面的处理是指采用高强度摩擦连接时对构件接触面的钢材进行表面加工。经过加工，使其接触表面的抗滑系数达到设计要求的额定值，一般为0.45~0.55。

摩擦面的处理方法有：喷砂（或抛丸）后涂无机富锌，砂轮打磨，钢丝刷消除浮锈，火焰加热清理氧化皮，酸洗等。

（3）摩擦型高强度螺栓施工前，钢结构制作和施工单位应按规定分别进行高强度螺栓连接摩擦面的抗滑移系数实验和复验，现场处理的构件摩擦面应单独进行摩擦面抗滑移系数试验。试验基本要求如下：

1）制造厂和安装单位应分别以钢结构制造批为单位进行抗滑移系数试验。制造批可按照分部（子分部）工程划分规定的工程量每2 000 t为一批，不足2 000 t可视为一批。选用两种或两种以上表面处理工艺时，每种处理工艺应单独检验，每批三组试件。

2）抗滑移系数试验用的试件应由制造厂加工，试件与所代表的钢结构件应为同一材质、同批制作、采用同一摩擦面处理工艺和具有相同表面状态，并应用同批同一性能等级的高强度螺栓连接副，在同一环境条件下存放。

（4）高强度螺栓连接安装时，在每个节点上应穿入的临时螺栓与冲钉数量由安装时可能承担的载荷计算确定，并应符合下列规定。

1）不得小于安装孔数的1/3；

2）不得少于两个临时的螺栓；

3）冲钉穿入数量不宜多于临时螺栓的30%，不得将连接用的高强度螺栓兼作临时螺栓。

（5）高强度螺栓的安装应顺畅穿入孔内，严禁强行敲打。如不能自由穿入时，应用铰刀铰孔修整，修整后的最大孔径应小于1.2倍螺栓直径。铰孔前应将四周的螺栓全部拧紧，使钢板密贴后再进行，不得用气割扩孔。

（6）高强度螺栓的穿入方向应以施工方便为准，并力求一致。连接副组装时，螺母带垫圈面的一侧应朝向垫圈倒角面的一侧。大六角头高强度螺栓六角头下放置的垫圈有倒角面的一侧必须朝向螺栓六角头。

（7）安装高强度螺栓时，构件的摩擦面应保持干燥，不得在雨中作业。

（8）高强度螺栓连接副的拧紧应分为初拧、终拧。对于大型节点应分初拧、复拧、终拧，复拧扭矩等于初拧扭矩。初拧、复拧、终拧应在24 h内完成。

（9）高强度螺栓连接副初拧、复拧、终拧时，一般应按由螺栓群节点中心位置顺序向外缘拧紧的方法施拧。

（10）高强度螺栓连接副的施工扭矩确定。

1）终拧扭矩值按下式计算：

$$T_c = K \times P_c \times d$$

式中 T_c——终拧扭矩值（Nm）；

P_c——施工预拉力标准值（kN），见表7-4；

d——螺栓公称直径（mm）；

K——扭矩系数，按GB 50205的规定试验确定。

表7-4 高强度螺栓连接副施工预拉力标准值 单位：kN

螺栓的性能等级	螺栓公称直径/mm					
	M16	M20	M22	M24	M27	M30
8.8 s	75	120	150	170	225	275
10.9 s	110	170	210	250	320	390

2）高强度大六角头螺栓连接副初拧扭矩值 T_0 可按 $0.5T_c$ 取值。

3）扭剪型高强度螺栓连接副初拧扭矩值 T_0 可按下式计算：

$$T_0 = 0.065P_c \times d$$

式中 T_0——初拧扭矩值（Nm）；

P_c——施工预拉力标准值（kN），见表7-4；

d——螺栓公称直径（mm）。

（11）施工所用的扭矩扳手，班前必须矫正，班后必须校验，其扭矩误差不得大于±5%，合格的方可使用。检查用的扭矩扳手其扭矩误差不得大于±3%。

（12）初拧或复拧后的高强度螺栓应用颜色在螺母上涂上标记，终拧后的螺栓应用另一种颜色在螺栓上涂上标记，以分别表示初拧、复拧、终拧完毕。扭剪型高强度螺栓应用专用扳手进行终拧，直至螺栓尾部梅花头拧掉。对于操作空间有限，不能用扭剪型螺栓专用扳手进行终拧的扭剪型螺栓，可按大六角头高强度螺栓的拧紧方法进行终拧。

（四）钢结构紧固件连接质量控制要点

（1）普通紧固件连接质量控制

1）普通螺栓作为永久性连接螺栓时，当设计有要求或对其质量有疑义时，应按照GB 50205的规定进行螺栓实物最小拉力载荷复验，复验报告结果应符合现行国家标准《紧固件机械性能螺栓、螺钉和螺柱》GB 3098的规定。

2）连接薄钢板采用的自攻钉、接铆钉、射钉等，其规格尺寸应与被连接钢板相匹配，其间距、边距等应符合设计要求。

3）永久性普通螺栓紧固应牢固、可靠，外露丝扣不应少于2扣。自攻钉、接铆钉、射钉等与连接钢板应坚固密贴，外观排列整齐。

（2）高强度螺栓连接质量控制

1）摩擦面抗滑移系数试验和复验结果应符合设计要求。

2）高强度大六角头螺栓连接副终拧完成1 h后，48 h内应按以下要求进行终拧扭矩检查：

①检查数量。按节点数抽查10%，且不应少于10个；每个被抽查节点按螺栓数抽查10%，且不应少于2个。

②检查方法。分扭矩法检验和转角法检验两种，原则上检验法与施工法应相同。

扭矩法检验：在螺尾端头和螺母相对位置画线，将螺母退回60°左右，用扭矩扳手测定拧回至原来位置时的扭矩值。该扭矩值与施工扭矩值的偏差在10%以内为合格。

转角法检验：检查初拧后在螺母与相对位置所画的终拧起始线和终止线所夹的角度是否达到规定值。在螺尾端头和螺母相对位置画线，然后全部卸松螺栓，观察与原画线是否重合。终拧转角偏差在10°以内为合格。

③检验用的扭矩扳手其扭矩精度误差应不大于3%。

3）扭剪型高强度螺栓连接副终拧后，除因构造原因无法使用专用扳手终拧掉梅花头者外，未在终拧中拧掉梅花头的螺栓数不应大于该节点螺栓数的5%。对所有梅花头未拧掉的扭剪型高强度螺栓连接副应采用扭矩法或转角法进行终拧矩检查。

4）螺栓施拧顺序和初拧、复拧扭矩应符合设计要求和国家现行行业标准《钢结构高强度螺栓连接的设计、施工及验收规范》JGJ 82的规定。

5）观察、检查高强度螺栓施工质量：

①高强度螺栓连接副终拧后，螺栓丝扣外露应为2～3扣，其中允许有10%的螺栓丝扣外露1扣或4扣。

②高强度螺栓连接摩擦面应保持干燥、整洁，不应有飞边、毛刺、焊接飞溅物、焊疤、氧化铁皮、污垢等，除设计要求外，摩擦面不应涂漆。

③高强度螺栓应自由穿入螺栓孔。高强度螺栓孔不应采用气割扩孔。机械扩孔数量应征得设计同意，扩孔后的孔径不应超过1.2倍螺栓直径。

6）螺栓球节点网架总拼装完成后，高强度螺栓与球节点应紧固连接，高强度螺栓拧入螺栓球内螺纹长度不应小于螺栓直径，连接处不应出现间隙、松动等未拧紧情况。

第三节　钢结构加工制作

制作过程是钢结构产品质量形成的过程，为了确保钢结构工程的制作质量，操作和质控人员应严格遵守制作工艺，执行“三检”制，质监人员对制作过程要有所了解，应对其进行抽查。

一、钢零件及钢部件加工

（一）放样和号料质量的一般规定

（1）放样

1）放样：根据已审核过的施工样图，按构件（或部件）的实际尺寸或一定比例画出该构件的轮廓，或将曲面展开成平面，求出实际尺寸，作为制造样板、加工和装配工作的依据。放样是整个钢结构制作工艺中第一道工序，也是非常重要的一道工序。因为所有的构件、部件、零件尺寸的形状都必须先进行放样，然后根据其结果数据、图样进行加工，然后才把各个零件装配成一个整体，所以，放样的准确程度将直接影响产品的质量。

2）放样前，放样人员必须熟悉施工图和工艺要求，核对构件及构件相互连接的几何尺寸和连接有否不当之处。如发现施工图有遗漏或错误，以及其他原因需要更改施工图时，必须取得原设计单位签字设计变更文件，不得擅自修改。

3）放样使用的钢尺，必须经计量单位检验合格，并与土建、安装等有关方面使用的钢尺相核对。丈量尺寸，应分段叠加，不得分段测量后相加累计全长。

4）放样应在平整的放样台上进行。凡放大样的构件，应以1：1比例放出实样；当构件零件较大难以制作样杆、样板时，可以绘制下料图。

5）样杆、样板制作时，应按施工图和构件加工要求，做出各种加工符号、基准线、眼孔中心等标记，并按工艺要求预放各种加工余量，然后号上冲印等印记，用磁漆（或其他材料）在样杆、样板上写出工程、构件及零件编号、零件规格孔径、数量及标注有关符号。

6）放样工作完成，对所放大样和样杆、样板（或下料图）进行自检，无误后报专职检验人员检验。

7）样杆、样板应按零件号及规格分类存放，妥为保存。

（2）号料

1）号料前，号料人员应熟悉样杆、样板（或下料图）所注的各种符号及标记等要求，核对材料牌号及规格、炉批号。

2）凡型材端部存有倾斜或板材边缘弯曲等缺陷，号料时应去除缺陷部分或先行矫正。

3）根据割、锯等不同切割要求的对刨、铣加工的零件，预放不同的切割及加工余量焊接收缩早。

4）按照样杆、样板的要求，对下料件应号出加工基准线和其他有关标记，并号上冲印等印记。

5）下料完成，检查所下零件规程、数量等是否有误，并做出下料记录。

（二）切割质量的一般规定

钢材的切割下料应根据钢材截面形状、厚度以及切割边缘质量要求的不同而分别采用剪切、冲切、锯切、气割。

（1）剪切

1）剪切或剪断的边缘必要时，应加工整光，相关接触部分不得产生弯曲。

2）剪切材料对主要受静载荷的构件，允许材料在剪断机上剪切，无须再加工。

3）剪切的材料对受动载荷的构件，必须将截面中存在的有害剪切边清除。

4）剪切前必须检查核对材料规格、牌号是否符合图纸要求。

5）剪切前，应将钢板表面的油污、铁锈等清除干净，并检查剪断机是否符合剪切材料强度要求。

6）剪切时，必须看清断线符号，确定剪切程序。

（2）气割

1）气割原则上采用自动切割机，也可使用半自动切割机和手动切割，使用气体可为氧气、乙炔、丙烷、碳—3 气及混合气等，气割工在操作时，必须检查工作场地和设备，严格遵守安全操作规程。

2）零件自由端火焰切割无特殊要求情况加工精度如下：

粗糙度：200 s 以下；

缺口度：1.0 mm 以下。

3）采用气割时应控制切割工艺参数，自动、半自动气割工艺参数见表 7-5。

表 7-5　自动、半自动气割工艺参数

割嘴号码	板厚/mm	氧气压力/MPa	乙炔压力/MPa	气割速度/（mm/min）
1	6 ~ 10	0. 20 ~ 0. 25	≥0. 030	650 ~ 450
2	10 ~ 20	0. 25 ~ 0. 30	≥0. 035	500 ~ 350
3	20 ~ 30	0. 30 ~ 0. 40	≥0. 040	450 ~ 300
4	40 ~ 60	0. 50 ~ 0. 60	≥0. 045	400 ~ 300
5	60 ~ 80	0. 60 ~ 0. 70	≥0. 050	350 ~ 250
6	80 ~ 100	0. 70 ~ 0. 80	≥0. 060	300 ~ 200

4）气割工割完重要的构件时，在割缝两端 100 ~ 200 mm 处，加盖本人钢印。割缝时超过质量要求所规定的缺陷，应上报有关部门，进行质量分析，订出措施后方可返修。

5）当重要构件厚板切割时应做适当预热处理，或遵照工艺技术要求进行。

（三）矫正和成型质量的一般规定

钢结构（或钢材）表面上如有不平、弯曲、扭曲、尺寸精度超过允许偏差的规定时，必须对有缺陷的构件（或钢材）进行矫正，以保证钢结构构件的质量。矫正的方法很多，根据矫正时钢材的温度分冷矫正和热矫正两种。冷矫正是钢材在常温下进行的矫正，冷矫正时会产生冷硬现象，适用于矫正塑性较好的钢材，对变形十分严重或脆性很大的钢材不能用冷矫正，如合金钢长时间放在露天生锈的钢材等；热矫正是将钢材加热至 700 ~ 1 000℃ 的高温时进行，当钢材弯曲变形大，钢材塑性差，在缺少足够动力设备的情况下才用热矫正。另外，根据矫正时作用外力的来源与性质，矫正分手工矫正、机械矫正、火焰矫正等。矫正和成型应符合以下要求：

（1）钢材的初步矫正，只对影响号料质量的钢材进行矫正，其余在各工序加工完毕后再矫正或成型。

（2）钢材的机械矫正，一般应在常温下用机械设备进行，矫正后的钢材，在表面上不应有凹陷、凹痕及其他损伤。

（3）碳素结构钢和低合金高强度结构钢，允许加热矫正，其加热温度严禁超过正火温度（900 ℃）。用火焰矫正时，对钢材牌号为Q345、Q390、35、45的焊件，不准浇水冷却，一定要在自然状态下冷却。

（4）弯曲加工分常温和高温，热弯时所有需要加热的型钢，宜加热到880～1 050 ℃，并采取必要措施使构件不致“过热”，当温度降低到普通碳素结构钢700 ℃，低合金高强度结构钢800 ℃时，构件不能再进行热弯，不得在蓝脆区段（200～400 ℃）进行弯曲。

（5）热弯的构件应在炉内加热或电加热，成型后有特殊要求者退火。冷弯的半径为材料厚度的2倍以上。

（四）边缘加工质量的一般规定

通常采用刨和铣对切割的零件边缘加工，以便提高零件尺寸精度，消除切割边缘的有害影响，加工焊接坡口，提高截面光洁度，保证截面能良好传递较大压力。边缘加工应符合以下要求：

（1）气割的零件，当需要消除有害影响进行边缘加工时，最少加工余量为2.0 mm。

（2）机械加工边缘的深度，应能保证把表面的缺陷清除掉，但不能小于2.0 mm，加工后表面不应有损伤和裂缝，在进行砂轮加工时，磨削的痕迹应当顺着边缘。

（3）碳素结构的零件边缘，在手工切割后，其表面应做清理，不能有超过1.0 mm的不平度。

（4）构件的端部支承边要求刨平顶紧，当构件端部截面精度要求较高时，无论用什么方法切割和用何种钢材制成，都要刨边和铣边。

（5）施工图有特殊要求或规定为焊接的边缘需进行刨边，一般板材或型钢的剪切边不需刨光。

（6）刨削时直接在工作台上用螺栓和压板夹工件时，通用工艺规则如下：

1）多件画线毛坯同时加工时，装夹中心必须按工作的加工线找正到同一平面上，以保证各工件加工尺寸的一致。

2）在龙门刨床上加工重而窄的工件，需偏于一侧加工时，应尽量两件同时加工或在另一侧加配重，以使机床的两边导轨负荷平衡。

3）在刨床工作台上装夹较高的工件时，应加辅助支承，以使装夹牢靠和防止加工中工件变形。

4）必须合理安装夹工件，工件应迎着走刀方向和进给方向的两个侧边紧靠定位装置，而另两个侧边应留有适当间隙。

（7）关于铣刀和铣削量的选择，应根据工件材料和加工要求决定，合理的选择是加工质量的保证。

（五）制孔质量的一般规定

构件使用的高强度螺栓、半圆头铆钉、自攻螺钉等用孔的制作方法可有钻孔、铣孔、冲孔、铰孔等。制孔加工过程应注意以下事项：

（1）构件制孔先采用钻孔，当证明某些材料质量、厚度和孔径，冲孔后不会引起脆性时允许采用冲孔。

厚度在5 mm以下的所有普通结构钢允许冲孔，次要结构厚度小于12 mm允许采用冲孔。在冲切孔上，不得随后施焊（槽型），除非证明材料在冲切后，仍保留有相当韧性，则可焊接施工。需要在所冲孔上再钻大时，则冲孔必须比指定的直径小3 mm。

（2）钻孔前，一是要磨好钻头，二是要合理选择切削余量。

（3）制成的螺栓孔，应为正圆柱形，并垂直于所在位置的钢材表面，倾斜度应小于1/20，其孔边应无毛刺、破裂、喇叭口或凹凸的痕迹，切屑应清除干净。

二、钢结构构件组装和预拼装

（一）组装

钢结构构件的组装是遵照施工图要求，把已加工完成的各零件或半成品构件，用组装的手段组合成为独立的成品。组装根据组装构件的特性以及组装程度，可分为部件组装、组装和预总装。

部件组装是组装的最小单元的组合，它由两个或两个以上零件按施工图的要求组装成为半成品的结构构件。

组装是把零件或半成品按施工图的要求组装成为独立的成品构件。

预总装是根据施工图把相关的两个以上成品构件，在工厂制作场地上，按其各构件空间位置总装起来。钢结构构件组装通常使用的方法有：地样组装、仿形复制组装、立装、卧装、胎膜组装等。

（1）组装的一般规定

1）在组装前，组装人员必须熟悉施工图、组装工艺及有关技术文件的要求，并检查组装零部件的外观、材质、规格、数量，当合格无误后方可施工。

2）组装焊接处的连接面及沿边缘30～50 mm范围内的铁锈、毛刺、污垢等必须在组装前清除干净。

3）板材、型材需要焊接时，应在部件或构件整体组装前进行。构件整体组装应在部件组装、焊接、矫正后进行。

4）构件的隐蔽部位应先行涂装、焊接，经检查合格后方可组合。完全封闭的内表可不涂装。

5）构件组装应在适当的工作平台及装配胎膜上进行。

6）组装焊接构件时，对构件的几何尺寸应依据焊缝等收缩变形情况，预放收缩余量；对有提供要求的构件，必须在组装前按规定的起拱量做好起拱。

7）胎膜或组装大样定型后须经自检，合格后质检人员复检，经认可后方可组装。

8）构件组装时的连接及紧固，宜使用活络夹具及活络紧固器具。对吊车梁等承受动载荷构件的受拉翼缘或设计文件规定的，不得在构件上焊接组装卡夹具或其他物件。

9）拆取组装卡夹具时，不得损伤母材，可用气割方法割除，切割后并磨光残留焊疤。

（2）组装的质量控制

1）焊接H型钢：

①焊接 H 型钢的翼缘板拼接缝和腹板拼接缝的间距不应小于 200 mm，翼缘板拼接长度不应小于 2 倍板宽，腹板拼接宽度不应小于 300 mm，长度不应小于 600 mm。

②焊接 H 型钢的允许偏差应符合 GB 50205—2001 附录 C 中表 C. 0. 1 的规定。

2）组装：

①吊车梁和吊车桁架不应下挠。

②焊接连接组装的允许偏差应符合 GB 50205—2001 附录 C 中表 C. 0. 2 的规定。

③顶紧接触面应有 75% 以上的面积紧贴。

④桁架结构杆件轴线交点错位的允许偏差不得大于 3. 0 mm。

3）端部铣平及安装焊缝坡口：

①端部铣平的允许偏差应符合表 7-6 的规定。

②安装焊缝坡口的允许偏差应符合表 7-7 的规定。

③外露铣平面应作防锈保护。

表 7-6　端部铣平的允许偏差

项　　目	允许偏差/mm	项　　目	允许偏差/mm
两端铣平时构件长度	±2. 0	铣平面的平面度	0. 3°
两端铣平时零件长度	±0. 5	铣平面对轴线的垂直度	1/1 500

表 7-7　安装焊缝坡口的允许偏差

项　　目	允许偏差/mm	项　　目	允许偏差/mm
坡口角度	±5°	钝　　边	±1. 0

4）钢构件外形尺寸：

①钢构件外形尺寸主控项目的允许偏差应符合表 7-8 的规定。

表 7-8　钢构件外形尺寸主控项目的允许偏差

项　　目	允许偏差/mm
单层柱、梁、桁架受力支托（支承面）表面至第一个安装孔距离	±1. 0
多节柱铣平面至第一个安装孔距离	±1. 0
实腹梁两端最外侧安装孔距离	±3. 0
构件连接处的截面几何尺寸	±3. 0
柱、梁连接处的腹板中心线偏移	2. 0
受压构件（杆件）弯曲	1/1 000，且不应大于 10. 0

②钢构件外形尺寸一般项目的允许偏差应符合 GB 50205—2001 附录 C 中表 C. 0. 3—表 C. 0. 9 的规定。

（二）预拼装

钢结构构件工厂内预拼装，目的是在出厂前将已制作完成的各构件进行相关组合，对设计、加工，以及适用标准进行验证。

（1）预拼装的一般规定

1）预拼组合部位的选择原则：尽可能选用主要受力框架、节点连接结构复杂，构件允许偏差接近极限且有代表性的组合构件。

2）预拼装应在坚实、稳固的平台式胎架上进行。

3）预拼装中所有构件应按施工图控制尺寸，各杆件的重心线应交汇于节点中心，并完全处于自由状态，不允许有外力强制固定。单构件支承点不论柱梁、支撑，应不少于两个支承点。

4）预拼装构件控制基准中心线应明确标示，并与平台基线和地面基线相对一致。

5）所有需进行预拼装的构件，必须在制作完毕后经质检员验收并符合质量标准。相同的单构件可互换，而不影响整体集合尺寸。

6）在胎架上预拼全过程中，不得对构件用火焰或机械等方式进行修正、切割或用重物压载、冲撞、锤击。

7）大型框架露天预拼装的检测应定时，所使用测量工具的精度，应与安装单位一致。

8）高强度螺栓连接件预拼装时，可使用冲钉定位和临时螺栓紧固。试装螺栓在一组孔内不得少于螺栓孔的30%，且不少于2只。冲钉数不得多于临时螺栓的1/3。

（2）预拼装的质量控制

1）高强度螺栓和普通螺栓连接的多层叠板，应采用试孔器进行检查，并应符合下列规定：

①当采用比孔公称直径小1.0 mm的试孔器检查时，每组孔的通过率不应小于85%。

②当采用比螺栓公称直径大0.3 mm的试孔器检查时，每组孔的通过率应为100%。

2）预拼装的允许偏差应符合GB 50205—2001附录D表D的规定。

第四节　钢结构安装与涂装工程

一、钢结构安装

（一）施工准备的一般规定

（1）建筑钢结构的安装，应符合施工图设计的要求，并应编制安装工程施工组织设计。

（2）安装用的专用机具和工具，应满足施工要求，并应定期进行检验，保证合格。

（3）安装的主要工艺，如测量校正、高强度螺栓安装、负温度下施工及焊接工艺等，应在安装前进行工艺试验或评定，并应在此基础上制定相应的施工工艺和施工方案。

（4）安装前，应对构件的外形尺寸、螺栓孔直径及位置、连接件位置及角度、焊缝、栓钉焊、高强度螺栓接头摩擦面加工质量、栓件表面的油漆等进行全面检查，在符合设计文件或有关标准的要求后，方能进行安装工作。

（5）安装使用的测量工具应按同一标准鉴定，并应具有相同的精度等级。

（二）基础和支承面的质量控制要点

（1）建筑钢结构安装前，应对建筑物的定位轴线、平面封闭角、柱的位置线、钢筋混凝土基础的标高和混凝土强度等级等进行复查，合格后方能开始安装。

（2）框架柱定位轴线的控制，可采用在建筑外部或内部设辅助线的方法。每节柱的定位轴线应从地面控制线引上来，不得从下层柱的轴线引出。

（3）柱的地脚螺栓的位置应符合设计文件或有关标准的要求，并应有保护螺纹的措施。

（4）底层柱地脚螺栓的紧固轴力，应符合设计文件的规定。螺母止退可采用双螺母，或用电焊焊牢。

（三）构件检查的质量控制要点

（1）构件成品出厂时，制作厂应将每个构件的质量检查记录及产品合格证交安装单位。

（2）对柱、梁、支撑等主要构件，在安装现场进行复查。其偏差大于允许偏差时，安装前应在地面进行修正。

（3）端部进行焊接的梁、柱构件，其长度尺寸应按下列方法进行检查：

1）柱的长度应增加柱端焊接产生的收缩变形值和荷载使柱产生的压缩变形值。

2）梁的长度应增加梁接头焊接产生的收缩变形。

（4）钢构件的弯曲变形、扭曲变形以及钢构件上的连接板、螺栓孔等的位置和尺寸，应以钢构件的轴线为基准进行核对，不宜用钢构件的边棱线作为检查基准线。

（四）构件安装顺序的一般规定

（1）建筑钢结构的安装应符合下列要求：

1）划分安装流水区段；

2）确定构件安装顺序；

3）编制构件安装顺序表；

4）进行构件安装，或先将构件组拼成大安装单元，再进行安装。

（2）安装流水区段可按建筑物的平面形状、结构形式、安装机械的数量、现场施工条件等因素划分。

（3）构件安装的顺序，平面应从中间向四周扩展，竖向应由下向上逐层安装。

（4）构件的安装顺序表，应包括各构件所用的节点板、安装螺栓的规格数量等。

（五）钢构件安装的质量控制要点

（1）柱的安装应先调整标高，再调整位移，最后调整垂直偏差，并应重复上述步骤，直到柱的标高、位移、垂直偏差符合要求。调整柱垂直度的缆风绳或支撑夹板，应在柱起吊前在地面绑扎好。

（2）当由多个构件在地面组拼为扩大安装单元进行安装时，其吊点应经过计算确定。

（3）构件的零件及附件应随构件一起起吊，尺寸较大、重量较重的节点板，可以用铰链固定在构件上。

（4）柱、主梁、支撑等大构件安装时，应随即进行校正。

（5）当天安装的钢构件应形成空间稳定体系，形成空间刚度单元，应及时对柱底板和基础顶面的空隙进行细石混凝土、灌浆料等两次浇灌。

（6）进行钢结构安装时，必须控制屋面、楼面、平台等的施工荷载和冰雪荷载等，严禁超过梁、桁架、楼面板、层面板、平台铺板等的承载能力。

（7）一节柱的各层梁安装完毕后，应立即安装本节柱范围内的各层楼梯，并铺设各层楼面的压型钢板。

(8) 安装外墙板时，应根据建筑物的平面形状对称安装。

(9) 吊车梁或直接承受动力荷载的梁其受拉翼缘、吊车桁架或直接承受动力荷载的桁架其受拉弦杆上不得焊接悬挂物和卡具。

(10) 一个流水段一节柱的全部钢构件安装完毕并验收合格后，方可进行下一流水段的安装工作。

(六) 安装测量校正的质量控制要点

(1) 柱在安装校正时，水平偏差应校正到允许偏差以内。在安装柱与柱之间的主梁时，再根据焊缝收缩量预留焊缝变形值。

(2) 结构安装时，应注意日照、焊接等温度变化引起的热影响对构件的伸缩和变曲引起的变化，应采取相应措施。

(3) 用缆风绳或支撑校正柱时，应在缆风绳或支撑松开状态下使柱保持垂直，才算校正完毕。

(4) 在安装柱与柱之间的主梁构件时，应对柱的垂直度进行监测。除监测一根梁两端的柱子垂直度变化外，还应监测相邻各柱因梁连接而产生的垂直度变化。

(5) 安装压型钢板前，应在梁上标出压型钢板铺放的位置线。铺放压型钢板时，相邻两排压型钢板端头的波形槽口应对准。

(6) 栓钉施工前应标出栓钉焊接的位置。若钢梁或压型钢板在栓钉位置有锈污或镀锌层，应采用角向砂轮打磨干净。栓钉焊接时应按位置线排列整齐。

二、钢结构防腐涂装

钢结构构件在使用中，经常与环境中的介质接触，由于环境介质的作用，钢材中的铁与介质产生化学反应，导致钢材被腐蚀，亦称为锈蚀。钢材受腐蚀的原因很多，可根据其与环境介质的作用分为化学腐蚀和电化学腐蚀两大类。

为了防止钢构件的腐蚀以及由此而造成的经济损失，采用涂料保护是目前我国防止钢结构构件腐蚀的最主要的手段之一。粉涂装防护是利用涂料的涂层被涂物与环境隔离，从而达到防腐蚀的目的，延长被涂物的使用寿命。

(一) 涂装施工准备工作一般规定

(1) 涂装之前应除去钢材表面的污垢、油脂、铁锈、氧化皮、焊渣或已失效的旧漆膜，还包括除锈后钢材表面所形成的合适的“粗糙度”。钢结构表面处理的除锈方法主要有喷射或抛射除锈、动力工具除锈、手工工具除锈、酸洗（化学）除锈和火焰除锈等。

(2) 在使用前，必须将桶内油漆和沉淀物全部搅拌均匀后才可使用。

(3) 双组分的涂料，在使用前必须严格按照说明书所规定的比例来混合。一旦配比混合后，就必须在规定的时间内用完。

(4) 施工时应对选用的稀释剂牌号及使用稀释剂的量进行控制，否则会造成涂料报废或性能下降而影响质量。

(二) 施工环境条件的一般规定

(1) 涂装工作尽可能在车间内进行，并应保持环境清洁和干燥，以防止自己处理的涂料表面和已涂装好的任何表面被灰尘、水滴、油脂、焊接飞溅或其他脏物黏附在其上面而影响质量。

（2）涂装时的环境温度和相对湿度应符合涂料产品说明书的要求，当说明书无要求时，环境温度在 5 ~ 38 ℃，相对湿度不应大于 85%。

（3）涂后 4 h 内严禁雨淋，当使用无气喷涂，风力超过 5 级时，不宜喷涂。

（三）涂装施工的质量控制要点

（1）涂装方法一般有浸涂、手刷、滚刷和喷漆等。在涂刷过程中的顺序应自上而下，从左至右，先里后外，先难后易，纵横交错地进行涂刷。

（2）对于边、角、焊缝、切痕等部位，在喷涂之前应先涂刷一道，然后再进行大面积涂装，以保证凸出部位的漆膜厚度。

（3）喷（抛）射磨料进行表面处理后，一般应在 4 ~ 6 h 内涂第一道底漆。涂装前钢材表面不允许再有锈蚀，否则应重新除锈后方可涂装。

（4）构件需焊接部位应留出规定宽度暂不涂装。

（5）涂装前构件表面处理情况及涂装工作的每一道工序完成后，都需检查，并做检查记录。检查内容包括：涂件周围工作环境、相对湿度、表面清洁度、各层涂刷（喷）遍数、涂料种类、配料、湿膜厚度、干膜厚度等。

（6）损伤涂膜应根据损伤的情况，砂、磨、铲后重新按层涂刷，仍按原工艺要求修补。

（7）包浇、埋入混凝土部位均可不做涂刷。

（四）防腐涂装质量检查与控制

（1）涂装前钢材表面除锈应符合设计要求和国家现行有关标准的规定。处理后的钢材表面不应有焊渣、焊疤、灰尘、油污、水和毛刺等。

（2）涂料、涂装遍数、涂层厚度均应符合设计要求。当设计对涂层厚度无要求时，涂层干漆膜总厚度应为：室外 150 μm，室内 125 μm，其允许偏差为 -25 μm。每遍涂层干漆膜厚度的允许偏差为 -5 μm。

（3）构件表面不应误涂、漏涂，涂层不应脱皮和返锈等。涂层应均匀、无明显皱皮、流坠、针眼和气泡等。

（4）当钢结构处有腐蚀介质环境或外露且设计有要求时，应进行涂层附着力测试，在检测处范围内，当涂层完整程度达到 70% 以上时，涂层附着力达到合格质量标准要求。

（5）涂料完成后，构件的标识、标记和编号应清晰完整。

三、钢结构防火涂装

钢材在高温下，会改变自己的性能而使结构降低强度，当温度达到 600 ℃时，其承载能力几乎完全丧失，可见钢结构是不耐火的。因此钢结构的防火涂装是防止建筑钢结构在火灾中倒塌，避免经济损失和环境破坏、保障人民生命与财产安全的有效办法。

（一）质量的一般规定

（1）为了保证防火涂层和钢结构一面有足够的黏结力，在喷涂前，应清除构件表面的铁锈，必要时，除锈后应涂一层防锈底漆，且注意防锈底漆不得与防火涂料产生化学反应。

（2）在喷涂前，应将构件间的缝隙用防火涂料或其他防火材料填平，以避免产生防火薄弱环节。

（3）当风速在5 m/s以上时，不宜施工。喷完后宜在环境温度5～38 ℃，相对湿度不应大于85%，通风条件良好的情况下干燥固化。

（4）防火涂料的喷涂施工应由专业施工单位负责施工，并由设计单位、施工单位和材料生产厂共同商讨确定施工方案。

（5）喷涂场地要求、构件表面处理、接缝填补、涂料配制、喷涂遍数等，均应符合现行国家标准《钢结构防火粉涂料应用技术条件》CEC 24的规定。

（二）质量控制要点

（1）防火涂料涂装前，钢材表面除锈及防锈底漆涂装应符合设计要求和国家现行有关标准的规定。

（2）钢结构防火涂料的黏结强度、抗压强度应符合国家现行标准《钢结构防火涂料应用技术条件》CEC 24的规定。检验方法应符合国家标准《建筑构件防火喷涂材料性能试验方法》GB 9978的规定。

（3）薄涂型防火涂料的涂层厚度应符合有关耐火极限的设计要求。厚涂型防火涂料涂层的厚度，80%及以上面积应符合有关耐火极限的设计要求，且最薄处厚度不应低于设计要求的85%。

（4）薄涂型防火涂料涂层表面裂纹宽度不应大于0.5 mm，厚涂型防火涂料涂层表面裂纹宽度不应大于1 mm。

（5）防火涂料涂装基层不应有油污、灰尘和泥砂等污垢。

（6）防火涂料不应有误涂、漏涂，涂层应闭合无脱层、空鼓、明显凹陷、粉化松散和浮浆等外观缺陷，乳突应剔除。

复习思考题

1. 简述钢结构材料质量控制要点。
2. 焊接施工质量的一般规定有哪些内容？
3. 简述焊接质量控制要点。
4. 简述纲结构紧固件连接的质量控制要点。
5. 放样和号料的质量一般规定有哪些内容？
6. 简述钢构件组装的质量控制要点。
7. 简述钢构件安装质量控制要点。
8. 简述钢结构防腐涂装的质量控制要点。

第八章 屋面工程质量控制

第一节 屋面找平层、保温层工程

一、屋面找平层

（一）质量控制要点

（1）基本要求

1）找平层的厚度和技术要求应符合表 8-1 的规定。

表 8-1 找平层的厚度和技术要求

类 别	基层种类	厚度/mm	技术要求
水泥砂浆找平层	整体混凝土	15～20	1：2.5～1：3（水泥：砂）体积比，水泥强度等级不低于 32.5 级
	整体或板状材料保温层	20～25	
	装配式混凝土板，松散材料保温层	20～30	
细石混凝土找平层	松散材料保温层	20～30	混凝土强度等级不低于 C20
沥青砂浆找平层	整体混凝土	15～20	1：8（沥青：砂）质量比
	装配式混凝土板，整体或板状材料保温层	20～25	

2）找平层的基层采用装配式钢筋及钢筋混凝土板时，应符合下列规定：

①板端、侧缝应用细石混凝土灌缝，其强度等级不应低于 C20。

②板缝宽度大于 40 mm 或上窄下宽时，板缝内应设置构造钢筋。

③板端缝应进行密封处理。

3）找平层的排水坡度应符合设计要求。平屋面采用结构找坡不应小于 3%，采用材料找坡宜为 2%；天沟、檐沟纵向找坡不应小于 1%，沟底水落差不得超过 20 mm。

4）基层与突出屋面结构（女儿墙、山墙、大窗壁、变形缝、烟囱等）的交接处和基层转角处，找平层均应做成圆弧形，圆弧半径应符合表 8-2 的要求。内部排水的水落口周围，找平层应做成略低的凹坑。

表 8-2 转角处圆弧半径

卷材种类	圆弧半径/mm	卷材种类	圆弧半径/mm
沥青防水卷材	100～150	合成高分子防水卷材	20
高聚物改性沥青防水卷材	50		

（2）基层处理

1）水泥砂浆、细石混凝土找平层的基层，施工前必须先做清理和浇水湿润。

2）沥青砂浆找平层的基层，施工前必须干净、干燥。满涂冷底子油 1～2 道，要求薄而均匀，不得有气泡和空白。

（3）分格缝留设

1）找平层宜设分格缝，并嵌填密封材料。分格缝应留设在板端缝处，其纵横缝的最大间距：水泥砂浆或细石混凝土找平层不宜大于 6 mm；沥青砂浆找平层不宜大于 4 mm。

2）按照设计要求，应先在基层上弹线标出分格缝位置。若基层为预制屋面板，则分格缝应与板缝对齐。

3）安设分格缝的木条应平直、连续，其高度与找平厚度一致，宽度应符合设计要求，断面为上宽下窄，便于取出。

（4）找平层施工

1）水泥砂浆找平层表面应压实，无脱皮、起砂等缺陷；沥青砂浆找平层的铺设，是在干燥的基层上满涂冷底子油 1～2 道，干燥后再设沥青砂浆，滚压后表面应平整、密实、无蜂窝、无压痕。

2）水泥砂浆、细石混凝土找平，在收水后，应做二次压光，确保表面坚固密实和平整。终凝后应采取浇水、覆盖浇水、喷养护剂等养护措施，保证水泥充分水化，确保找平层质量。同时严禁过早堆物、上人和操作。特别要注意：在气温低于 0 ℃或终凝前可能下雨的情况下，不宜进行施工。

3）沥青砂浆找平层施工，在冷底子油干燥后，开始铺设。虚铺厚度一般应按 1.3～1.4倍压实厚度的要求控制。对沥青砂浆在拌制、铺设、滚压过程中的温度，必须按规定准确控制，常温下沥青砂浆的拌制温度为 140～170 ℃，铺设温度为 90～120 ℃。待沥青砂浆铺设于屋面并刮平后，应立即用火滚子进行滚压（夏天温度较高时，滚筒可不生火），直至表面平整、密实、无蜂窝和压痕为止，滚压后的温度为 60 ℃。火滚子压不到的地方，可用烙铁烫压。施工缝应留斜槎，继续施工时，接槎处应刷热沥青一道，然后再铺设。

4）内部排水的水落口杯应牢固地固定在承重结构上，均应预先清除铁锈，并涂上专用底漆（锌磺类或磷化底漆等）。水落口杯与竖管承口的连接处，应用沥青与纤维材料拌制的填料或油膏填塞。

5）准确设置转角圆弧。对各类转角处的找平宜采用细石混凝土或沥青砂浆，做出圆弧形，施工前可按照设计规定的圆弧半径，采用木材、铁板或其他光滑材料制成简易圆弧操作工具，用于压实、拍平的抹光，并统一制圆弧形状和半径。

（二）质量检查与验收

（1）主控项目检验

主控项目检验见表 8-3。

表 8-3　主控项目检验

序号	项　　目	合格质量标准	检验方法	检查数量
1	材料质量及配合比	找平层的材料质量及配合比，必须符合设计要求	检查出厂的合格证、质量检验报告和计量措施	按屋面面积每 100 mm^2 抽查 1 处，每处 10 m^2，且不得少于 3 处
2	排水坡度	屋面（含天沟、檐沟）找平层的排水坡度，必须符合设计要求	用水平仪（水平尺）、拉线和尺量检查	

（2）一般项目检验

一般项目检验见表8-4。

表8-4　一般项目检验

序号	项　目	合格质量标准	检验方法	检查数量
1	交接处的转角处细部处理	基层与凸出屋面结构的交接处和基层的转角处，均应做成圆弧形，且整齐平顺	观察和尺量检查	按屋面面积每100 m^2抽查1处，每处10 m^2，且不得少于3处
2	表面质量	水泥砂浆、细石混凝土找平层应平整、压光、不得有酥松、起砂、起皮现象；沥青砂浆找平层不得拌和不匀、蜂窝现象	观察检查	
3	分格缝位置和间距	找平层分格缝的位置和间距应符合设计要求	观察和尺量检查	
4	表面平整度允许偏差	找平层表面平整度的允许偏差为5 mm	用2 m靠尺和楔形塞尺检查	

二、屋面保温层

（一）质量控制要点

（1）基本规定

1）铺设保温层的基层应平整、干燥和干净。

2）保温层应干燥，封闭式保温层的含水率应相当于该材料在当地自然风干状态下的平衡含水率。屋面保温层干燥有困难时，应采用排气措施。

3）倒置式屋面应采用吸水率小、长期浸水不腐烂的保温材料。保温层上应用混凝土等块材、水泥砂浆或卵石做保护层；卵石保护层与保温层之间，应干铺一层无纺聚酯纤维布做隔层。

（2）松散材料保温层

1）保温层含水率应符合设计要求。

2）松散保温材料应分层铺设并压实，每层须铺厚度不宜大于150 mm。压实的程度与厚度必须经试验确定，压实后不得直接在保温层上行车、堆物。

3）保温层施工完成后，应及时进行找平层和防水层的施工。雨季施工时，保温层应采取遮盖措施。

（3）板状材料保温层

干铺的板状保温材料，一要紧靠基层表面；二要分层铺设的板块上下层接缝错开；三要板间缝隙嵌填密实，板间缝隙应采用同类材料嵌填密实。

（4）板状保温材料的粘贴应符合下列要求：

1）当采用玛琋脂及其他胶结材料粘贴时，板状保温材料相互之间及基屋之间应满涂胶结材料，以便相互黏牢。热玛琋脂的加热温度不应高于240 ℃，使用温度不应低于190 ℃，熬制好的玛琋脂宜在本工作班内用完。

2）当采用水泥砂浆粘贴板状保温材料时，板间缝隙应采用保温灰浆填实并勾缝。保温灰浆的配比宜为1:1:10（水泥:石灰膏:同类保温材料的碎粒体积比）。

（5）整体现浇（喷）保温层

1）沥青膨胀蛭石、沥青膨胀珍珠岩宜用机械搅拌，并应色泽一致，无沥青团；压实程度根据试验确定，其厚度应符合设计要求，表面应平整。

2）硬质聚酯泡沫塑料应按配比准确计量，发泡厚度均匀一致。

3）整体沥青膨胀蛭石、沥青膨胀珍珠岩保温层施工须符合下列规定：

①沥青加热温度不应高于 240 ℃。膨胀蛭石或膨胀珍珠岩的预热温度宜为 100 ~ 120 ℃。

②宜采用机械搅拌。

③压实程度必须根据试验确定。

④倒置式屋面当保护层采用卵石铺压时，卵石铺设应防止过量，以免加大屋面荷载，致使结构开裂或变形过大，甚至造成结构破坏。

（二）质量检查与验收

（1）主控项目检验

主控项目检验见表 8-5。

表 8-5　主控项目检验

序号	项　目	合格质量标准	检验方法	检查数量
1	材料质量	保温材料的堆积密度或表观密度、导热系数以及板材的强度、吸水率，必须符合设计要求	检查出厂合格证、质量检验报告和现场抽样复验报告	按屋面面积每 100 m^2 抽查 1 处，每处 10 m^2，且不得少于 3 处，
2	保温含水率	保温层的含水率必须符合设计要求	检查现场抽样检验报告	

（2）一般项目检验

一般项目检验见表 8-6。

表 8-6　一般项目检验

序号	项　目	合格质量标准	检验方法	检查数量
1	保温层铺设	保温层的铺设应符合下列要求： （1）松散保温材料：分层铺设，压实适当，表面平整，找坡正确； （2）板状保温材料：紧贴（靠）基层，铺平垫稳，拼缝严密，找坡正确； （3）整体现浇保温层：拌和均匀，分层铺设，压实适当，表面平整，找坡正确	观察检查	按屋面面积每 100 m^2 抽查一处，每处 10 m^2，且不得少于 3 处
2	倒置式屋面保护层	当倒置式屋面保护层采用卵石铺压时，卵石应分布均匀，卵石的质（重）量应符合设计要求	观察检查和按堆积密度计算其质（重）量	
3	保温层厚度允许偏差	保护层厚度的允许偏差：松散保温材料和整体现浇保温层为 +10%、−5%；板状保温材料为 ±5%，且不得大于 4 mm	用钢针插入和尺检查	

第二节　屋面防水工程

一、卷材防水屋面工程

（一）质量控制要点

（1）卷材防水层应采用高聚物改性沥青防水卷材，合成高分子防水卷材或沥青防水卷材。所选用的基层处理剂、接缝胶黏剂，密封材料等配套材料应与铺贴的卷材材性相容。

（2）在坡度大于25%的屋面上采用卷材做防水层时，应采取固定措施，固定点应密封严密。

（3）铺设屋面隔气层和防水层前，基层必须干净、干燥。干燥程度的简易检验方法，是将1 m^2卷材平坦地干铺在找平层上，静置3～4 h后掀开检查，找平层覆盖部位与卷材上未见水印即可铺设。

（4）冷底子油涂刷应符合下列规定：

1）冷底子油的配合成分和技术性能应符合设计规定。

2）冷底子油的干燥时间应视其用途而一般定为：

①在水泥基层上涂刷的慢挥发性冷底子油为12～48 h。

②在水泥基层上涂刷的快挥发性冷底子油为5～10 h。

3）在熬制的沥青中加入慢挥发性溶剂时，沥青的温度不得超过140 ℃，如加入快挥发性溶剂，则沥青温度不应超过110 ℃。

4）涂刷冷底子油的找平层表面，要求平整、干净、干燥。如个别地方较潮湿，可用喷灯烘烤干燥。

5）涂刷冷底子油的品种应视铺贴的卷材而定，不可错用。焦油沥青低温油毡，应用焦油沥青冷底子油。

6）涂刷冷底子油要薄而匀，无漏刷、麻点、气泡。过于粗糙的找平层表面，宜先刷一遍慢挥发性冷底子油，待其初步干燥后，再刷一遍快挥发性冷底子油。涂刷时间宜在铺毡前1～2 d进行。如采用湿铺工艺，冷底子油需在水泥砂浆找平层终凝后，能上人时涂刷。

（5）卷材铺贴方向应符合下列规定：

1）屋面坡度小于3%时，卷材宜平行屋脊铺贴。

2）屋面坡度在3%～15%时，卷材可平行或垂直屋脊铺贴。

3）屋面坡度大于15%或屋面受震动时，沥青防水卷材应垂直屋脊铺贴，高聚物改性沥青防水卷材和合成高分子防水卷材可平行或垂直屋脊铺贴。

4）上下层卷材不得相互垂直铺贴。

（6）卷材厚度选用应符合表8-7的规定。

（7）铺贴卷材采用搭接法时，上下层及相邻两幅卷材的搭接缝应错开。各种卷材搭接宽度应符合表8-8的要求。

（8）冷粘法铺贴卷材应符合下列规定：

1）胶黏剂涂刷应均匀，不露底，不堆积；

表 8-7　卷材厚度选用表

<table>
<tr><th>屋面防水等级</th><th>设防道数</th><th>合成高分子防水卷材</th><th>高聚物改性沥青防水卷材</th><th>沥青防水卷材</th></tr>
<tr><td>Ⅰ 级</td><td>三道或三道以上设防</td><td>不应小于 1.5 mm</td><td rowspan="2">不应小于 3 mm</td><td>—</td></tr>
<tr><td>Ⅱ 级</td><td>二道设防</td><td rowspan="2">不应小于 1.2 mm</td><td>—</td></tr>
<tr><td>Ⅲ 级</td><td>一道设防</td><td>不应小于 4 mm</td><td>三毡四油</td></tr>
<tr><td>Ⅳ 级</td><td>一道设防</td><td>—</td><td>—</td><td>二毡三油</td></tr>
</table>

表 8-8　卷材搭接宽度（mm）

<table>
<tr><th colspan="2" rowspan="2">铺贴方法 / 卷材种类</th><th colspan="2">短边搭接</th><th colspan="2">长边搭接</th></tr>
<tr><th>满黏法</th><th>空铺、点黏、条黏法</th><th>满黏法</th><th>空铺、点黏、条黏法</th></tr>
<tr><td colspan="2">沥青防水卷材</td><td>100</td><td>150</td><td>70</td><td>100</td></tr>
<tr><td colspan="2">高聚物改性沥青防水卷材</td><td>80</td><td>100</td><td>80</td><td>100</td></tr>
<tr><td rowspan="4">合成高分子防水卷材</td><td>胶黏剂</td><td>80</td><td>100</td><td>80</td><td>100</td></tr>
<tr><td>胶黏带</td><td>50</td><td>60</td><td>50</td><td>60</td></tr>
<tr><td>单缝焊</td><td colspan="4">60，有效焊接宽度不小于 25</td></tr>
<tr><td>双缝焊</td><td colspan="4">80，有效焊接宽度 10×2＋空腔宽</td></tr>
</table>

2）根据胶黏剂的性能，应控制胶粘剂涂刷与卷材铺贴的间隔时间；

3）铺贴卷材下面的空气应排尽，并辊压黏结牢固；

4）铺贴卷材应平整顺直，搭接尺寸准确，不得扭曲，皱褶；

5）接缝口应用密封材料封严，宽度不应小于 10 mm。

（9）热熔法铺贴卷材应符合下列规定：

1）火焰加热器加热卷材应均匀，不得过分加热或烧穿卷材；厚度小于 3 mm 的高聚物改性沥青防水卷材严禁采用热熔法施工。

2）卷材表面热熔后应立即滚铺卷材，卷材下面空气应排尽，并辊压黏结牢固，不得空鼓。

3）卷材接缝部位必须溢出热熔的改性沥青胶。

4）铺贴的卷材应平整顺直，搭接尺寸准确，不得扭曲、皱褶。

（10）自粘法铺贴卷材应符合下列规定

1）铺贴卷材前基层表面应均匀涂刷基层处理剂，干燥后应及时铺贴卷材；

2）铺贴卷材时，应将自黏胶底面的隔离纸全部撕净；

3）卷材下面的空气应排尽，并辊压黏牢固；

4）铺贴的卷材应平整顺直，搭接尺寸准确，不得扭曲、皱褶。搭接部位宜采用热风加热，随即粘贴牢固；

5）接缝口应用密封材料封严，宽度不应小于 10 mm。

（11）卷材热风焊接施工应符合下列规定：

1）焊接前卷材的铺设应平整顺直，搭接尺寸准确，不得扭曲、皱褶；

2）卷材的焊接面应清扫干净，无水滴、油污及附着物；

3）焊接时应先焊长边搭接缝，后焊短边搭接缝；

4）控制热风加热温度和时间，焊接不得有漏焊、跳焊、焊焦或焊接不牢现象；

5）焊接时不得损害非焊接部位的卷材。

（12）沥青玛琋脂的配制和使用应符合下列规定：

1）配制沥青玛琋脂的配合比应视使用条件、坡度和当地历年极端最高气温，并根据所用的材料经试验确定；施工中应按确定的配合比严格配料，每工作班应检查软化点的柔韧性；

2）热沥青玛琋脂的加热温度不应高于 240℃，使用温度不应低于 190℃；

3）冷沥青玛琋脂使用时应搅匀，稠度太大时可加少量溶剂稀释搅匀；

4）沥青玛琋脂应涂抹均匀，不得过厚或堆积。

黏结层厚度：热沥青玛琋脂宜为 1～1.5 mm，冷沥青玛琋脂宜为 0.5～1 mm；

面层厚度：热沥青玛琋脂宜为 2～3 mm，冷沥青玛琋脂宜为 1～1.5 mm。

（13）天沟、檐沟、檐口、泛水和立面卷材收头的端部应裁齐，塞入预留凹槽内，用金属压条钉压固定，最大钉距不应大于 900 mm，并用密封材料嵌填封严。

（14）卷材防水层完工并经验收合格后，应做好成品保护。保护层的施工应符合下列规定。

1）绿豆沙应清洁、预热、铺撒均匀，并使其沥青玛琋脂黏结牢固，不得残留未黏结的绿豆沙；

2）石母或蛭石保护层不得有粉料，撒铺应均匀，不得露底，多余的云母或蛭石应清除；

3）水泥砂浆保护层的表面应抹平压光，并设表面分格缝，分格面积宜为 1 m^2；

4）块体材料保护层应留设分格缝，分格面积不宜大于 100 m^2，分格缝宽度不宜小于 20 mm；

5）细石混凝土保护层，混凝土应密实，表面抹平压光，并留设分格缝，分格面积不大于 20 mm；

6）浅色涂料保护层应与卷材黏结牢固，厚薄均匀，不得漏涂；

7）水泥砂浆、块材或细石混凝土保护层与防水层之间应设置隔离层；

8）刚性保护层与女儿墙、山墙之间预留宽度为 30 mm 的缝隙，并用密封材料嵌填严密。

（二）质量检查与验收

（1）主控项目检验

主控项目检验见表 8-9。

表 8-9 主控项目检验

序号	项 目	合格质量标准	检验方法	检查数量
1	卷材及配套材料质量	卷材防水层所用卷材及其配套材料，必须符合设计要求	检查出厂合格证、质量检验报告和现场抽样复验报告	按屋面面积每 100 m^2 抽查 1 处，每处 10 m^2，且不得少于 3 处
2	卷材防水层	卷材防水层不得有渗漏或积水现象	雨后或淋水、蓄水检验	
3	防水细部构造	卷材防水层在天沟、檐沟、檐口、水落口、泛水、变形缝和伸出屋面管道的防水构造，必须符合设计要求	观察检查和检查隐蔽工程验收记录	

(2) 一般项目检验

一般项目检验见表 8-10。

表 8-10 一般项目检验

序号	项　目	合格质量标准	检验方法	检查数量
1	卷材搭接缝与收头质量	卷材防水层的搭接缝应黏（焊）结牢固，密封严密，不得有褶皱、翘边和鼓泡等缺陷；防水层的收头应与基层黏结并固定牢固，缝口封严，不得翘边	观察检查	按屋面面积每 100 m^2 抽查 1 处，每处 10 m^2，且不得少于 3 处
2	卷材保护层	卷材防水层上的撒布材料和浅色涂料保护层应铺撒或涂刷均匀，黏结牢固；水泥砂浆、块料或细石混凝土保护层与卷材防水层间应设置隔离层；刚性保护层的分格缝留置应符合设计要求		
3	排气屋面孔道留置	排气屋面排气道应纵横贯通，不得堵塞。排气管应安装牢固，位置正确，封闭严密		
4	卷材铺贴方向及搭接宽度允许偏差	卷材的铺贴方向应正确，卷材搭接宽度的允许偏差为 −10 mm	观察和尺检查	

二、涂膜防水屋面工程

(一) 质量控制要点

(1) 基本规定

1) 防水涂料应采用高聚物改性沥青防水涂料、合成高分子防水涂料；

2) 涂料厚度选用应符合表 8-11 的规定；

表 8-11 涂膜厚度选用表

屋面防水等级	设防道数	高聚物改性沥青防水涂料	合成高分子防水卷材
Ⅰ 级	三道或三道以上设防	—	不应小于 1.5 mm
Ⅱ 级	二道设防	不应小于 3 mm	不应小于 1.5 mm
Ⅲ 级	一道设防	不应小于 3 mm	不应小于 2 mm
Ⅳ 级	一道设防	不应小于 2 mm	—

3) 屋面基层的干燥程度应视所用涂料特性确定。当采用溶剂涂料时，屋面基层应干燥；

4) 多组分涂料按配合比准确计量，搅拌均匀，并应根据有效时间确定使用量；

5) 天沟、檐沟、泛水和立面涂膜防水层的收头，应用防水涂料多遍涂刷或用密封材料封严；

6) 涂膜防水层完工并经验收合格后，应做好成品保护。

(2) 防水涂膜施工

1) 涂膜应根据防水涂料的品种分层分遍涂布，不得一次涂成；

2) 应待先涂的涂层干燥成膜后，方可涂后一遍涂料；

3) 需铺设胎体增强材料时，屋面坡度小于 15% 时可平行屋脊铺设，屋面坡度大于 15% 时应垂直于屋脊铺设；

4) 胎体长边搭接宽度不应小于 50 mm，短边搭接宽度不应小于 70 mm；

5) 采用二层胎体增强材料时，上下层不得相互垂直铺设，搭接缝应错开，其间距不应小于幅宽的1/3。

(3) 涂膜防水工程施工要求

1) 防水工程完工后不得有渗漏和积水现象;

2) 工程所用材料必须符合国家有关质量标准和设计要求，并按规定抽样复查合格;

3) 节点、构造细部等处做法应符合设计要求，封固严密，不得开缝翘边，密封材料必须与基层黏结牢固，密封部位应平直、光滑、无气泡、龟裂、空鼓、起壳、塌陷，尺寸符合设计要求;底部放置背衬材料但不与密封材料黏结;保护层应覆盖严密;

4) 涂膜防水层表面平整、均匀，不应有裂纹、脱皮、流淌、鼓泡、露胎体、皱皮等现象，涂膜厚度应符合设计要求;

5) 涂膜表面上的松散材料保护层、涂料保护层或泡沫塑料保护层等，应覆盖均匀，黏结牢固;

6) 在屋面涂膜防水工程中的架空隔热层、保温层、蓄水屋面的种植面等，应符合设计要求和有关技术规范规定。

(二) 质量检查与验收

(1) 主控项目检验

主控项目检验见表8-12。

表8-12 主控项目检验

序号	项目	合格质量标准	检验方法	检查数量
1	涂料及膜体质量	防水涂料和胎体增强材料必须符合设计要求	检查出厂合格证、质量检验报告和现场抽样复验报告	按屋面面积每100 m^2抽查1处，每处10 m^2，且不得少于3处
2	涂膜防水层不得渗漏或积水	涂膜防水层不得有渗漏或积水现象	雨后或淋水、蓄水检验	
3	防水细部构造	涂膜防水层在天沟、檐沟、檐口、水落口、泛水、变形缝和伸出防水构造，必须符合设计要求	观察和检查隐藏工程验收记录	

(2) 一般项目检验

一般项目检验见表8-13。

表8-13 一般项目检验

序号	项目	合格质量标准	检验方法	检查数量
1	涂膜施工	涂膜防水层与基层应黏结牢固，表面平整，涂刷均匀，无流淌、褶皱、鼓泡、露胎体和翘边等缺陷	观察检查	全数检查
2	涂膜保护层	涂膜防水层上的撒布材料或浅色涂料保护层应铺撒或涂刷均匀，黏结牢固;水泥砂浆、块材或细石混凝土保护层与涂膜防水层间应设置隔离层;刚性保护层的分格缝留置应符合设计要求		
3	涂膜厚度及最小厚度	涂膜防水层的平均厚度应符合设计要求，最小厚度应不小于设计厚度的80%	针测法或取样量测	按屋面面积每100 m^2抽查1处，每处10 m^2，且不得少于3处

三、刚性防水屋面工程

（一）质量控制要点

（1）基本规定

1）细石混凝土配合比由试验室试配确定，施工中严格按配合比计量，并按规定制作试块。

2）混凝土中掺合膨胀剂、减水剂、防水剂等外加剂时，应按配合比准确计量，投料顺序得当，并应机械搅拌，机械振捣。

3）细石混凝土防水层的分格缝，应设在屋面板的支承端、屋面转折处、防水层与突出屋面结构的交接处，其纵横间距不宜大于6 m。分格缝内应嵌填密封材料。

4）细石混凝土防水层的厚度不应小于40 mm，并应配置双向钢筋网片。钢筋网片在分格缝处应断开，其保护层厚度不应小于10 mm。

5）细石混凝土防水层与立墙及突出屋面结构等交接处，均应做柔性密封处理。细石混凝土防水层与基层间宜设置隔离屋。

（2）施工过程控制

1）屋面预制板缝中C20细石混凝土灌缝，养护不少于7 d。

2）在结构层与防水层之间增加一层隔离作用层（一般可用低强度砂浆、卷材等）。

3）细石混凝土防水层，分格缝应设置在装配式结构层屋面板的支承端，屋面转折处（如屋脊）、防水层与突出屋面结构的交接处，并与板缝对齐，其纵横间距一般不大于6 m,分格缝上口宽为30 mm，下口宽为20 mm。分格缝可用油膏嵌封，屋脊和平行于流水方向的分格缝，也可做成泛水，用盖瓦覆盖，盖瓦单边座灰固定。

4）按设计要求铺设钢筋网，设计无规定时，一般配置ϕ4 mm间距100～200 mm双向钢筋网片，保护层不小于10 mm。用绑扎时端头要有弯钩，搭接长度要大于250 mm。焊接搭长度不小于25倍直径，在一个网片的同一断面内接头不得超过钢丝面积的1/4。分格缝处钢筋要断开。

5）现浇细石混凝土防水层厚度应均匀一致。混凝土以分格缝分块，每块一次浇捣，不留施工缝。浇捣混凝土时应振捣密实平整，压实抹光，无起砂、起皮等缺陷。

6）屋面泛水应按设计要求施工。如设计无明确要求时，泛水高度不应低于120 mm，并与防水层一次浇捣完成，泛水转角处要做成圆弧或钝角。

7）细石混凝土终凝后养护不少于14 d。

（3）施工检验

1）基层找平层和刚性防水层的平整度，用2 m长的直尺检查，直尺与面层间的最大空隙不超过5 mm，空隙应平缓变化，每米长度内不多于1处。

2）刚性屋面防水工程的每道防水层完成后，应由专人进行检查，合格后方可进行下一道防水施工。

3）刚性防水层面施工后，应进行24 h蓄水试验，或持续淋水24 h或雨后观察，看屋面排水系统是否畅通，有无渗漏水、积水现象。

4）防水工程的细部构造处理，各种接缝、保护层及密封防水部位等均匀应进行外观检验和防水功能检验，合格后方可隐蔽。

（二）质量检查与验收

（1）主控项目检验

主控项目检验见表 8-14。

表 8-14　主控项目检验

序号	项　　目	合格质量标准	检验方法	检查数量
1	材料质量配合比	细石混凝土的原材料及配合比必须符合设计要求	检查出厂合格证、质量检验报告、计量措施和现场抽样复验报告	按屋面面积每 100 m^2 抽查 1 处，每处不得少于 10 m^2，且不得少于 3 处
2	细石混凝土防水层不得渗漏或积水	细石混凝土防水层不得有渗漏或积水现象	雨后或淋水、蓄水检验	
3	细部防水构造	细石混凝土防水层在天沟、檐口、水落口、泛水、变形缝和伸出屋面管道的防水构造，必须符合设计要求	观察检查和检查隐蔽工程验收记录	

（2）一般项目检验

一般项目检验见表 8-15。

表 8-15　一般项目检验

序号	项　　目	合格质量标准	检验方法	检查数量
1	防水层施工表面质量	细石混凝土防水层应表面平整、压实抹光，不得有裂缝，起壳、起砂等缺陷	观察检查	同主控项目
2	防水层厚度和钢筋位置	细石混凝土防水层的厚度和钢筋位置应符合设计要求	观察和尺量检查	
3	分格缝位置和间距	细石混凝土分格缝的位置和间距应符合设计要求		
4	表面平整度允许偏差	细石混凝土防水层表面平整度的允许偏差为 5 mm	用 2 m 靠尺和楔形塞尺检查	

四、密封材料嵌缝

（一）质量控制要点

（1）基本规定

1）密封材料的品种、性能、质量标准必须符合设计要求和有关标准的规定。

2）非成品密封材料的配合比，必须通过试验确定，并符合施工规范规定。

3）密封防水部位的基层质量应符合下列要求：

①基层应牢固，表面平整、密实，不得有蜂窝、麻面、起皮和起砂现象。

②嵌填密封材料的基层应干净、干燥。

4）密封防水处理连接部位的基层，应涂刷与密封材料相配套的基层处理剂。基层处理剂应配比准确，搅拌均匀。采用多组分基层处理剂时，应根据有效时间确定使用量。

5）接缝处的密封材料底部应填放背衬材料，外露的密封材料上应设置保护层，其宽度不应小于 200 mm。

6）密封材料嵌填完成后不得碰损及污染，固化前不得踩踏。

（2）板面裂缝治理

板面裂缝的治理方法为裂缝封闭法，可用防水油膏、二布三油或环氧树脂进行密封处理，处理过程如下：

1）将裂缝周围 50 mm 宽的界面清洗干净，将裂缝周边的浮渣或不牢的灰浆清除。

2）用腻子刀或喷枪将密封膏挤入其中。

3）在嵌缝材料上覆盖一层保护层。

具体施工可按图 8-1 进行。

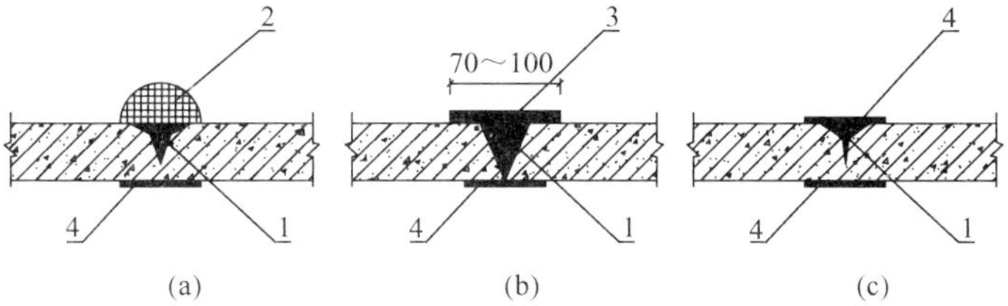

1—裂缝；2—防水油膏；3—一布二油或二布三油；4—环氧树脂

（a）准缝；（b）贴缝；（c）闭缝

图 8-1　板面裂缝治理

（3）建筑接缝密封的维护

接缝密封胶及埋入的定型密封材料一般寿命较长，但并非一劳永逸，很少能同结构寿命等同。由于日光、大气、雨雪、高低温及腐蚀介质的侵蚀，风沙、伸缩位移应力的作用及意外损伤，接缝密封材料的性能将逐渐劣化，发生软化、硬化、龟裂、剥离或破裂等，造成接缝密封失效，为了保证在建设使用期内接缝有效密封，应定期检修、清洗或为其他目的进行检查时，注意密封失效的先兆。安排专业人员对接缝密封状态进行检查和维护，当接缝密封呈现粉化、变软、发硬、微裂纹、边界剥脱等失效特征时（尽管未发生渗漏），应提前安排局部修复或进行重新密封或定期更换，若当建筑发生渗漏才进行维修，不但维修难度大，而且损失大、代价高。

（二）质量检查与验收

（1）主控项目检验

主控项目检验见表 8-16。

表 8-16　主控项目检验

序号	项　　目	合格质量标准	检验方法	检查数量
1	密封材料质量	密封材料的质量必须符合设计要求	检查产品出厂合格证、配合比和现场抽样复验报告	每 50 m 抽查 1 处，每处 5m，且不得少于 3 处
2	嵌缝施工质量	密封材料嵌填必须密实、连续、饱满、黏结牢固，无气泡、开裂、脱落等缺陷	观察检查	

(2) 一般项目检验

一般项目检验见表8-17。

表8-17　一般项目检验

序号	项　　目	合格质量标准	检 验 方 法	检 查 数 量
1	嵌缝基层处理	嵌填密封材料的基层应牢固、干净、干燥，表面应平整、密实	观察检查	每50 m应抽查1处，每处5 m，且不得少于3处
2	外观质量	嵌填的密封材料表面应平滑，缝边应顺直，无凹凸不平的现象		
3	接缝宽度允许偏差	密封防水接水缝宽度的允许偏差为±10%，接缝深度为宽度的0.5~0.7倍	尺量检查	

复 习 思 考 题

1. 简述卷材防水屋面找平层质量控制要点。
2. 试述如何进行卷材防水屋面保温层的质量检查与验收。
3. 冷黏法铺贴卷材有哪些规定?
4. 热熔法铺贴卷材有哪些规定?
5. 试述如何进行卷材防水层的质量检查与验收。
6. 简述涂膜防水屋面的质量控制要点。
7. 简述细石混凝土防水层质量控制要点。
8. 试述如何进行密封材料嵌缝的质量检查与验收。

第九章　建筑装饰装修工程质量控制

第一节　抹 灰 工 程

一、一般抹灰工程

（一）质量控制要点

（1）一般抹灰应在基体或基层的质量检查合格后进行。

（2）各分项工程的检验批应按下列规定划分：

1）相同材料、工艺和施工条件的室外抹灰工程每 500 ~ 1 000 m^2应划分为一个检验批，不足 500 m^2也应划分为一个检验批。

2）相同材料、工艺和施工条件的室内抹灰工程每 50 个自然间（大面积房间和走廊按抹灰面积 30 m^2为一间）应划分为一个检验批，不足 50 间也应划分为一个检验批。

3）检查数量应符合下列规定：

①室内每个检验批应至少抽查 10%，并不得少于 3 间，不足 3 间时应全数检查。

②室外每个检验批每 100 m^2应至少抽查 1 处，每处不得小于 10 m^2。

（3）一般抹灰工程施工顺序通常应先室外后室内，先上面后下面，先顶棚后地面。高层建设采取措施后，也可分段进行。

（4）高级抹灰施工的环境温度不应低于 5 ℃，中级和普通抹灰施工的环境温度应在 0 ℃以上。

（5）抹灰前，砖石、混凝土等基体表面的灰尘、污垢和油渍等应清除干净，砌块的空壳要凿掉，光滑的混凝土表面要进行凿毛处理，并洒水湿润。

（6）抹灰前，应纵横拉通线，有与抹灰层相同砂浆设置标志或标筋。

（7）各种砂浆的抹灰层，在凝结前，应防止快干、水冲、撞击和振动。凝结后，应采取措施防止玷污和损坏。

（8）水泥砂浆不得抹在石灰砂浆层上。

（9）抹灰的面层应在踢脚板、门窗贴脸板和挂镜线等木制品安装前进行涂抹。

（10）抹灰线用的模子，其线型、楞角等均应符合设计要求，并按墙面、柱面找平后的平水线确定灰线位置。

（11）抹灰用的石膏的熟化期不应少于 15 d；罩面用的磨细石灰粉的熟化期不应少于 3 d。

（12）室内外墙面、柱面和六洞口的阳角做法应符合设计要求，设计无要求时，应采用 1：2 水泥砂浆做暗护角，其高度不应低于 2 m，每侧宽度不应小于 50 mm。

（13）当要求抹灰层具有防水、防潮功能时，应采用防水砂浆。

（14）外墙抹灰工程施工前应先安装钢木门窗框、护栏等，并应将墙上的施工孔洞堵塞密实。

（15）外墙窗台、窗楣、雨篷、阳台、压顶主突出腰线等，上面应做流水坡度，下面应做滴水线或滴水槽，滴水槽的深度和宽度均不应小于 10 mm，并整齐一致。窗洞、外窗台应在窗框安装验收合格，框与墙体间缝隙填嵌实符合要求后进行。

（二）质量检查与验收

（1）主控项目检验

主控项目检验见表 9-1。

表 9-1　主控项目检验

序号	项　　目	合格质量标准	检 验 方 法	检 查 数 量
1	基层表面	抹灰前应将基层表面的尘土、污垢、油渍等清除干净，并应洒水湿润	检查施工记录	（1）室内每个检验批应至少抽查 10%，并不得少于 3 间；不足 3 间时应全数检查； （2）室外每个检验批每 100 m^2 应至少抽查 1 处，每处不得小于 10 m^2
2	材料品种性能	一般抹灰所用材料的品种和性能应符合设计要求。水泥的凝结时间和安定性复验应合格。砂浆的配合比应符合设计要求	检查产品合格证书、进场验收记录、复验报告和施工记录	
3	操作要求	抹灰工程应分层进行。当抹灰总厚度大于或等于 35 mm 时，应采取加强措施，不同材料基体交接处表面的抹灰，应采取防止开裂的加强措施，当采用加强网时，加强网与各基体的搭接宽度应不小于 100 mm	检查隐蔽工程验收记录和施工记录	
4	屋黏结及层质量	抹灰层与基层之间及各抹灰层之间必须黏结牢固，抹灰层应无脱层、空鼓，面层应无爆灰和裂缝	观察；用小锤轻击检查；检查施工记录	

（2）一般项目检验

一般项目检验见表 9-2，一般项目抹灰的允许偏差和检验方法见表 9-3。

表 9-2　一般项目检验

序号	项　　目	合格质量标准	检 验 方 法	检 查 数 量
1	表面质量	一般抹灰工程的表面质量应符合下列规定： （1）普通抹灰表面应光滑、洁净、接槎平整，分格缝应清晰； （2）高级抹灰表面应光滑、洁净、颜色均匀、无抹纹，分格缝和灰线应清晰美观	观察；手摸检查	同主控项目
2	细部质量	护角、孔洞、槽、盒周围的抹灰表面应整洁、光滑，管道后面的抹灰表面应平整	观察	
3	层总厚度及层间材料	抹灰层的总厚度应符合设计要求；水泥砂浆不得抹在石灰砂浆层上；罩面石膏灰不得抹在水泥砂浆层上	检查施工记录	
4	分格缝	抹灰分格缝的设置应符合设计要求，宽度和深度应均匀，表面应光滑，棱角应整齐	观察；尺量检查	

续表

序号	项　目	合格质量标准	检验方法	检查数量
5	滴水线（槽）	有排水要求的部位做滴水线（槽）。滴水线（槽）应整齐顺直，滴水线应内高外低，滴水槽的宽度和深度均应不小于 10 mm	观察；尺量检查	同主控项目
6	允许偏差	一般抹灰工程质量的允许偏差和检验方法应符合表 9-3 的规定	见表 9-3	

表 9-3　一般项目抹灰的允许偏差和检验方法

项　次	项　目	允许偏差/ mm		检验方法
		普通抹灰	高级抹灰	
1	立面垂直度	4	3	用 2 m 垂直检测尺检查
2	表面平整度	4	3	用 2 m 靠尺和塞尺检查
3	阴阳角方正	4	3	用直角检测尺检查
4	分格条（缝）直线度	4	3	拉 5 m 线，不足 5 m 拉通线，用钢直尺检查
5	墙裙、勒脚上口直线度	4	3	拉 5 m 线，不足 5 m 拉通线，用钢直尺检查

注：1. 普通抹灰，本表第 3 项阴角方正可不检查。

2. 顶棚抹灰，本表第 2 项表面平整度可不检查，但应平顺。

3. 本表摘自《建筑装饰装修工程质量验收规范》（GB 50210 —2001）。

二、装饰抹灰工程

（一）质量控制要点

（1）装饰抹灰的基体与基层质量检验合格后方可进行。基层必须清理干净，使抹灰层与基层黏结牢。

（2）装配式混凝土外墙板，其外墙面和接缝不平处以及缺楞掉角处，用水泥砂浆修补后，可直接进行喷涂、滚涂、弹涂。

（3）装饰抹面层应在已硬化、粗糙而平整的中层砂浆面上，涂抹前应洒水湿润。

（4）装饰抹灰面层的施工缝，应留在分格缝、墙面阴角，水落管背后或独立组成部分的边缘处。每个分块必须连续作业，不显接槎。

（5）喷涂、弹涂等工艺在阴雨天时不得施工；干黏石等工艺在大风天气不宜施工。

（6）装饰抹灰的周围的墙面、窗口等部位，应采取有效措施，进行遮挡，以防污染。

（7）装饰抹灰的材料、配合比、面层颜色和图案要符合设计要求，以达到理想的装饰效果，为此，应预先做出样板（一个样品或标准间），经建设、设计、施工、监理四方共同鉴定合格后，方可大面积施工。

（二）质量检查与验收

（1）主控项目检验

主控项目检验见表 9-4。

表 9-4 主控项目检验

序号	项目	合格质量标准	检验方法	检查数量
1	基层表面	抹灰前基层表面的尘土、污垢、油渍等应清除干净，并应洒水润湿	检查施工记录	（1）室内每个检验批应至少抽查10%，并不得少于3间；不足3间时应全数检查；（2）室外每个检验批每100 m^2应至少抽查1处，每处不得小于10 m^2
2	材料品种和性能	装饰抹灰工程所用材料的品种和性能应符合设计要求。水泥的凝结时间和安定性复验应合格。砂浆的配合比符合设计要求	检查产品合格证书、进场验收记录、复验报告和施工记录	
3	操作要求	抹灰工程应分层进行。当抹灰总厚度大于或等于35 mm时，应采取加强措施。不同材料基体交接处表面的抹灰，应采取防止开裂的加强措施，当采用加强网时，加强网与各基体的搭接宽度应小于100 mm	检查隐蔽工程验收记录和施工记录	
4	层黏结及面层质量	各抹灰层之间及抹灰与基体之间必须黏结牢固，抹灰层应无脱层、空鼓和裂缝	观察；用小锤轻击检查；检查施工记录	

（2）一般项目检验

一般项目检验见表9-5。

表 9-5 一般项目检验

序号	项目	合格质量标准	检验方法	检查数量
1	表面质量	装饰抹灰工程的表面质量应符合下列规定： （1）水刷石表面应石粒清晰、分布均匀、紧密平整、色泽一致，应无掉粒和接槎痕迹； （2）斩假石表面剁纹缨均匀顺直、深浅一致，应无漏剁处；阳角处应横剁并留出宽窄一致的不剁边条，棱角应无损坏； （3）干黏石表面应色泽一致、不露浆、不漏黏，石粒应黏结牢固、分布均匀，阳角处应无明显黑边； （4）假面砖表面应平整、沟纹清晰、留缝整齐、色泽一致，应无掉角、脱皮、起砂等缺陷	观察；手摸检查	（1）室内每个检验批应至少抽查10%，并不得少于3间；不足3间时应全数检查；（2）室外每个检验批每100 m^2应至少抽查1处，每处不得小于10 m^2
2	分格条（缝）	装饰抹灰分格条（缝）的设置应符合设计要求，宽度和深度应均匀，表面应平整光滑，棱角应整齐	观察	
3	滴水线	有排水要求的部位应做滴水线（槽）。滴水线（槽）应整齐顺直，滴水线应同高外低，滴水槽的宽度和深度均应不小于10 mm	观察；尺量检查	
4	允许偏差	装饰抹灰工程质量的允许偏差和检验方法应符合表9-6的规定	见表9-6	

表 9-6　装饰抹灰的允许偏差和检验方法

项次	项　目	允许偏差/mm				检验方法
		水刷石	斩假石	干黏石	假面砖	
1	立面垂直度	5	4	5	5	用 2 m 垂直检测尺检查
2	表面平整度	3	3	5	4	用 2 m 靠尺和塞尺检查
3	阳角方正	3	3	4	4	用直角检测尺检查
4	分格条（缝）直线度	3	3	3	3	拉 5 m 线，不足 5 m 拉通线，用钢直尺检查
5	墙裙、勒脚上口直线度	3	3	—	—	拉 5 m 线，不足 5 m 拉通线，用钢直尺检查

注：本表摘自《建筑装饰装修工程质量验收规范》（GB 50210—2001）。

第二节　门 窗 工 程

一、木门窗制作和安装工程

（一）质量控制要点

（1）按设计要求配料，木材品种、材质等级、含水率和防腐、防虫、防水处理均应符合设计要求和规范的规定。

（2）设计未规定材质等级时，所用木材的质量应符合表 9-7 和表 9-8 的规定。

表 9-7　普通木门窗用木材的质量要求

木材缺陷		门窗扇的立挺、冒头、中冒头	窗棂、压条、门窗及气窗的线脚、通风窗立挺	门心板	门窗框
活节	不计个数，直径/mm	<15	<5	<5	<5
	计算个数，直径	≤材宽的 1/3	≤材宽的 1/3	≤30 mm	≤材宽的 1/3
	每 1 延米数	≤3	≤2	≤3	≤5
死节		允许，计入活节总数	不允许	允许，计入活节总数	
髓心		不露出表面的，允许	不允许	不露出表面的，允许	
裂缝		深度及长度≤厚度及材长的 1/5	不允许	允许可见裂缝	深度及长度≤厚度及材长的 1/4
斜纹的斜率/%		≤7	≤5	不限	≤12
油眼		非正面，允许			
其他		浪形纹理、圆纹理、偏心及化学变色，允许			

表 9-8 高级木门窗用木材的质量要求

木材缺陷		门窗扇的立梃、冒头、中冒头	窗棂、压条、门窗及气窗的线脚、通风窗立梃	门心板	门窗框
活节	不计个数，直径/mm	<10	<5	<10	<10
	计算个数，直径	≤材宽的 1/4	≤材宽的 1/4	≤20 mm	≤材宽的 1/3
	每 1 延米个数	≤2	≤0	≤2	≤3
死节		允许，包括在活节总数中	不允许	允许，包括在活节总数中	不允许
髓心		不露出表面的，允许	不允许	不露出表面的，允许	
裂缝		深度及长度≤厚度及材长的 1/6	不允许	允许可见裂缝	深度及长度≤厚度及材长的 1/5
斜纹的斜率/%		≤6	≤4	≤15	≤10
油眼		非正面，允许			
其他		浪形纹理、圆纹理、偏心及化学变色，允许			

（3）木门窗及门窗五金从生产厂运到工地，必须做验收，按图纸检查框扇型号，检查产品防锈红丹无漏涂，薄刷现角，质量不合格坚决退回。

（4）门窗框、扇进场后，框的靠墙、靠地的一面应刷防腐涂料，其他各面应刷清油一道。刷油后分类码放平整，底层应垫平、垫高，每层框间衬木板条通风，防止日晒雨淋。

（5）门窗框安装应安排在地面，墙面湿作业完成之后；窗扇安装应在室内抹灰施工前进行；门窗安装应在室内抹灰完成和水泥地面达到强度以后进行。

（6）木门窗安装宜采用预留洞口的方法施工，如果采用先安装后砌口的方法施工时，则应注意避免门窗框在施工中受损、受挤压变形或受到污染。

（7）木门窗与砖石砌体、混凝土或抹灰层接触处应进行防腐处理并设置防潮层，埋入砌体或混凝土中的木砖应进行防腐处理。

（8）同一品种、类型和规格的木门窗及门窗玻璃每 100 樘划分为一个检验批，不足 100 樘也应作为一个检验批。

（二）木门窗安装质量的检查与验收

（1）主控项目检验

主控项目检验见表 9-9。

表 9-9 主控项目检验

序号	项目	合格质量标准	检验方法	检查数量
1	木门窗品种、规格、安装方向位置	木门窗的品种、类形、规格、开启方向、安装位置及连接方式应符合设计要求	观察；尺量检查；检查成品门的产品合格证书	每个检验批应至少抽查 5%，并不得少于 3 樘，不足 3 樘时应全数检查；高层建筑外窗，每个检验批应至少抽查 10%，并不得少于 6 樘，不足 6 樘时应全数检查
2	木门窗安装牢固	木门窗框的安装必须牢固。预埋木砖的防腐处理、木门窗框固定点的数量、位置及固定方法应符合设计要求	观察；手扳检查；检查隐蔽工程验收记录和施工记录	
3	木门窗扇安装	木门窗扇必须安装牢固，并应开关灵活，关闭严密，无倒翘	观察；开启和关闭检查；手扳检查	
4	门窗配件安装	木门窗配件的型号、规格、数量应符合设计要求，安装应牢固，位置正确，功能应满足使用要求	观察；开启和关闭检查；手扳检查	

（2）一般项目检验

一般项目检验见表 9-10。

表 9-10　一般项目检验

序号	项　　目	合格质量标准	检 验 方 法	检 查 数 量
1	缝隙嵌填材料	木门窗与墙体间缝隙的填嵌材料应符合设计要求，填嵌应饱满。寒冷地区外门窗（或门窗框）与砌体间的空隙应填充保温材料	轻敲门窗框检查；检查隐蔽工程验收记录和施工记录	同主控项目
2	批水、盖口条等细部	木门窗批水、盖口条、压缝条、密封条的安装应顺直，与门窗结合牢固、严密	观察；手扳检查	
3	安装留缝限值及允许偏差	木门窗安装的留缝限值、允许偏差和检验方法应符合表 9-11 的规定	见表 9-11	

表 9-11　木门窗安装的留缝限值、允许偏差和检验方法

项次	项　　目		留缝限值/ mm		允许偏差/mm		检 验 方 法
			普 通	高 级	普 通	高 级	
1	门窗槽口对角线长度差		—	—	3	2	用钢尺检查
2	门窗框的正、侧面垂直度		—	—	2	1	用 1 m 垂直检测尺检查
3	框与扇、扇与扇接缝高低差		—	—	2	1	用钢直尺和塞尺检查
4	门窗扇对口缝		1 ~ 2.5	1.5 ~ 2	—	—	用塞尺检查
5	工业厂房双扇大门对口缝		2 ~ 5	—	—	—	
6	门窗扇与上框间留缝		1 ~ 2	1 ~ 1.5	—	—	
7	门窗扇与侧框间留缝		1 ~ 2.5	1 ~ 1.5	—	—	
8	窗扇与下框间留缝		2 ~ 3	2 ~ 2.5	—	—	
9	门扇与下框间留缝		3 ~ 5	3 ~ 4	—	—	
10	双层门窗内外框间距		—	—	4	3	用钢尺检查
11	无下框时门扇与地面间留缝	外　门	4 ~ 7	5 ~ 6	—	—	用塞尺检查
		内　门	5 ~ 8	6 ~ 7	—	—	
		卫生间门	8 ~ 12	6 ~ 7	—	—	
		厂房大门	10 ~ 20	—	—	—	

注：1. 表中除给出允许偏差外，对留缝尺寸等给出了尺寸限值。考虑到所给尺寸限值是一个范围，故不再给出允许偏差。

2. 表中允许偏差栏中所列数值，凡注明正负号的，表示 GB 50210—2001 对此偏差的不同方向有不同要求，应严格遵守。凡没有注明正负号的，即使其偏差可能具有方向性，但 GB 50210—2001 并未对这类偏差的方向性作出规定，故检查时对这些偏差可以不考虑方向性要求。

3. 本表摘自《建筑装饰装修工程质量验收规范》（GB 50210—2001）。

二、金属门窗安装工程

（一）质量控制要点

（1）金属门窗安装应采用预留洞口的方法施工，不得采用边安装边砌口或先安装后砌口的方法施工。

（2）金属门窗安装前要求墙体预留门洞尺寸检查符合设计要求，铁脚洞孔或预埋铁件的位置正确并已清扫干净。

（3）钢门窗安装前，应在离地、楼面 500 mm 高的墙面上弹一条水平控制线，再按门窗的安装标高、尺寸和开启方向在墙体预留洞口四周围弹出门窗落位线。

（4）门窗安装就位后应暂时用木楔固定，木楔固定钢门窗的位置，应设置于门窗四角和框挺端部，否则易产生变形。

（5）门窗附件安装，必须地墙面、顶棚等抹灰完成后，并在安装玻璃之前进行，且应检查门窗扇质量，对附件安装有影响的应先校正，然后再安装。

（6）同一品种、类型和规格的金属门窗及门窗玻璃每 100 樘应划分为一个检查批，不足 100 樘也应作为一个检验批。

（二）金属门窗安装质量检查与验收

（1）主控项目检验

主控项目检验见表 9-12。

表 9-12　主控项目检验

序号	项　　目	合格质量标准	检 验 方 法	检 查 数 量
1	门窗质量	钢门窗的品种、类形、规格、尺寸、性能、开启方向、安装位置、连接形式及铝合金门窗的型材壁厚应符合设计要求。金属门窗的防腐处理及填嵌，密封处理应符合设计要求	观察；尺量检查；检查产品报告、进场验收记录和复验报告；检查隐蔽工程验收记录	每个检验批应至少抽 5%，并不得少于 3 樘，不足 3 樘时应全数检查；高层建筑的外窗，每个检验批应至少抽查 10%，并不得少于 6 樘，不足 6 樘时应全数检查
2	框和副框安装及预埋件	钢门窗框和副框的安装必须牢固。预埋件的数量、位置、埋设方式、与框的连接方式必须符合设计要求	手扳检查；检查隐蔽工程验收记录	
3	门窗扇安装	钢门窗扇必须安装牢固，并应开关灵活、关闭严密，无倒翘。推拉门窗扇必须有防脱落措施	观察；开启和关闭检查；手扳检查	
4	配件质量及安装	钢门窗配件的型号、规格、数量应符合设计要求，安装应牢固，位置应正确，功能应满足使用要求	观察；开启和关闭检查；手扳检查	

（2）一般项目检验

一般项目检验见表 9-13。

表 9-13　一般项目检验

序号	项　　目	合格质量标准	检 验 方 法	检 查 数 量
1	表面质量	钢门窗表面应洁净、平整、光滑、色泽一致，无锈蚀。大面应无划痕、碰伤。漆膜或保护层应连续	观察	同主控项目
2	框与墙体间缝隙	钢门窗框与墙体之间的缝隙应填嵌饱满，并采用密封胶密封。密封胶表面应光滑、顺直，无裂纹	观察；轻敲门窗框检查；检查隐蔽工程验收记录	
3	扇密封胶条或毛毡密封条	钢门窗框与墙体之间缝隙应填嵌饱满，并采用密封胶密封。密封胶表面应光滑、顺直，无裂纹	观察；开启和关闭检查	

续表

序号	项目	合格质量标准	检验方法	检查数量
4	排水孔	有排水孔的钢门窗，排水孔应畅通，位置和数量应符合设计要求	观察	同主控项目
5	留缝限值和允许偏差	金属门窗安装的留缝限值、允许偏差和检验方法应符合表 9-14、表 9-15和表 9-16 的规定	见表 9-14、表 9-15 和表 9-16	

（3）允许偏差

1）钢门窗安装的留缝限值、允许偏差和检验方法见表 9-14。

表 9-14　钢门窗安装的留缝限值、允许偏差和检验方法

项次	项目		留缝限值/mm	允许偏差/mm	检验方法
1	门窗槽口宽度、高度	≤1 500 mm	—	2.5	用钢尺检查
		>1 500 mm	—	3.5	
2	门窗槽口对角线长度差	≤2 000 mm	—	5	
		>2 000 mm	—	6	
3	门窗框的正、侧面垂直度		—	3	用 1 m 垂直检测尺检查
4	门窗横框的水平度		—	3	用 1 m 水平尺和塞尺检查
5	门窗横框标高		—	5	用钢尺检查
6	门窗竖向偏离中心		—	4	
7	双层门窗内外框间距		—	5	
8	门窗框、扇配合间缝		≤2	—	用塞尺检查
9	无下框时门扇与地面间留缝		4～8	—	

注：本表摘自《建筑装饰装修工程质量验收规范》（GB 50210—2001）。

2）铝合金门窗安装的允许偏差和检验方法见表 9-15。

表 9-15　铝合金门窗安装的允许偏差和检验方法

项次	项目		允许偏差/mm	检验方法
1	门窗槽口宽度、高度	≤1 500 mm	1.5	用钢尺检查
		>1 500 mm	2	
2	门窗槽口对角线长度差	≤2 000 mm	3	
		>2 000 mm	4	
3	门窗框的正、侧面垂直度		2.5	用垂直检测尺检查
4	门窗横框的水平度		2	用 1 m 水平尺和塞尺检查
5	门窗横框标高		5	用 1 m 水平尺和塞尺检查
6	门窗竖向偏离中心		5	用钢尺检查
7	双层门窗内外框间距		4	
8	推拉门窗扇与框搭接量		1.5	

注．本表摘自《建筑装饰装修工程质量验收规范》（GB 50210—2001）。

3）涂色镀锌钢板门窗安装的允许偏差和检验方法见表9-16。

表9-16 涂色镀锌钢板门窗安装的允许偏差和检验方法

项次	项目		允许偏差/mm	检验方法
1	门窗槽口宽度、高度	≤1 500 mm	2	用钢尺检查
		>1 500 mm	3	
2	门窗槽口对角线长度差	≤2 000 mm	4	
		>2 000 mm	5	
3	门窗框的正、侧面垂直度		3	用垂直检测尺检查
4	门窗横框的水平度		3	用1 m水平尺和塞尺检查
5	门窗横框标高		5	用钢尺检查
6	门窗竖向偏离中心		5	
7	双层门窗内外框间距		4	
8	推拉门窗扇与框搭接量		2	

注：本表摘自《建筑装饰装修工程质量验收规范》（GB 50210—2001）。

第三节 饰面板（砖）工程

一、饰面板安装工程

（一）质量控制要点

（1）石材饰面板安装

1）饰面板安装前，应按厂牌、品种、规格和颜色进行分类选配，并将其侧面和背面清扫干净，修边打眼，每块板的上、下边打眼数量不得少于2个，并用防锈金属丝穿入孔内，以做系固之用。

2）饰面板安装时接缝宽度可垫木楔调整，并确保外表面平整、垂直及板的上沿平顺。

3）灌筑砂浆时，应先在竖缝内塞15～20 mm深的麻丝或泡沫塑料条，以防漏浆，并将饰面板背面和基体表面湿润。砂浆灌筑应分层进行，每层灌筑高度为100～150 mm。待砂浆硬化后，将填缝材料清除。

4）室内安装天然石光面和镜面的饰面板时接缝应干接，接缝处宜用与饰面板相同颜色的水泥浆填抹。室外安装天然石光面和镜面饰面板，接缝可干接或用水泥细砂浆勾缝，干接缝应用与饰面板相同颜色水泥浆填平。安装天然石粗磨面、麻面、条纹面、天然面饰面板的接缝和勾缝应用水泥砂浆。

5）安装人造石饰面板，接缝宜用与饰面板相同颜色的水泥浆或水泥砂浆抹勾严密。

6）饰面板完工后，表面应清洗干净。光面和镜面饰面板经清洗晾干后，方可打蜡擦亮。

7）石材饰面板的接缝宽度，应符合表9-17的规定。

表 9-17　饰面板的接缝宽度

项次	名　称		接缝宽度/mm	项次	名　称		接缝宽度/mm
1	天然石	光面、镜面	1	4	人造石	水磨石	2
2	天然石	粗磨面、麻面、条纹理	5	5	人造石	水刷石	10
3	天然石	天然面	10	6	人造石	大理石、花岗石	1

（2）瓷板饰面施工

1）瓷板装饰应在主体结构、穿过墙体的所有管道、线路等施工完毕经验收合格后进行。

2）进场材料，按有关规定送检，合格后按不同品种、规格分类堆放在室内，若堆在室外时，应采取有效防雨防潮措施。吊运及施工过程，严禁随意碰撞板材，不得划花、污损板材光泽面。

（3）干挂瓷质饰面施工

1）瓷板的安装顺序宜由下往上进行，避免交叉作业。

2）瓷板编号、开槽或钻孔，胀锚螺栓、窗墙螺栓安装，挂件安装应满足设计及CECS101：98 规程的规定。

3）瓷板安装前应修补施工中损坏的外墙防水层。

4）瓷板的拼缝应符合设计要求，瓷板的槽（孔）内及挂件表面的灰粉应清除。

5）扣齿板的长度应符合设计要求，当设计未作规定时，不锈钢扣齿板与瓷板支承边等长，铝合金扣齿板比瓷板支承边短 20～50 mm。

6）扣齿或销钉插入瓷板深度应符合设计要求。

7）当为不锈钢挂件时，应将环氧树脂浆液抹入槽（孔）内，与瓷板接合部位的挂件应满涂，然后插入扣齿或销钉。

8）瓷板中部加强点的连接件与基面连接应可靠，其位置及面积应符合设计要求。

9）灌缝的密封胶应符合设计要求，其颜色应与瓷板色彩相配，灌缝应饱满平直，宽窄一致，不得在潮湿时灌密封胶。灌缝时不得污损瓷板面。

10）底板的拼缝有排水设置要求时，其排水通道不得阻塞。

（4）挂贴瓷质饰面施工

1）瓷板应按作业流水编号，瓷板拉结点的竖孔应钻在板厚中心线上，孔径为 3.2～3.5 mm，深度为 20～30 mm，板背模孔应与竖孔连通，用防锈金属丝穿孔固定，金属丝直径大于瓷板拼缝宽度时，应凿槽埋置。

2）瓷板挂贴窗由下而上进行，出墙面勒脚的瓷板，应待上层饰面完成后进行。楼梯栏杆、栏板及墙裙的瓷板，应在楼梯踏步、地面面层完成后进行。

3）当基层用拉结钢筋时，钢筋网应与锚固点焊接牢固。锚固点为螺栓时，其紧固力矩应取 40～45 Nm。

4）挂装的瓷板、同幅墙的瓷板色彩应一致（特殊要求除外）。

5）瓷板挂装时，应找正吊直后用金属丝绑牢在拉结钢筋网上，挂装时间可用木楔调整，瓷板的拼缝宽度应符合设计要求，并不宜大于 1 mm。

6）灌筑填缝砂浆前，应将墙体及瓷板背面浇水润湿，并用石膏灰临时封闭瓷板竖缝，以防漏浆。用稠度 100 ~ 150 mm 的 1∶2.5 ~ 1∶3 水泥砂浆（体积比）分层灌筑，每层高度为 150 ~ 200 mm，应插捣振密实，待初凝后，应检查板面位置，合格后方可灌筑上层砂浆，否则应拆除重装。施工缝应留在瓷板水平接缝以下 50 ~ 100 mm 处，待填缝砂浆初凝后，方可拆除石膏及临时固定物。

7）瓷板的拼缝处理应符合设计要求，当设计无要求时，用瓷板色相配的水泥浆抹匀严密。

8）冬期施工应采取相应措施保护砂浆，以免受冻。

（5）金属饰面板安装

1）金属饰面板安装，当设计无要求时，宜采用抽芯铝铆钉，中间必须垫橡胶垫圈。抽芯铝铆钉间距以控制在 100 ~ 150 mm 为宜。

2）板材安装时严禁采用对接，搭接长度应符合设计要求，不得有透缝现象。

3）阴阳角宜采用预制角装饰板安装，角板与大面搭接方向与主导方向一致，严禁逆向安装。

（6）聚氯乙烯塑料板饰面安装

1）水泥砂浆基体必须垂直，要坚硬、平整、不起壳，不应过光，也不宜过毛，应洁净，如有麻面，宜用乳胶腻子修补平整，再刷一遍乳胶水溶液，以增加黏结力。

2）粘贴前，在基层上分块弹线预排。

3）胶黏剂一般宜用脲醛树脂、聚酯酸乙酯、环氧树脂或氯丁胶黏剂。

4）调制胶黏剂不宜太稀或太稠，应在基层表面和罩面板背面同时均匀涂刷胶黏剂，待用手触试已涂胶液、感到黏性较大时，即可进行粘贴。

5）粘贴后应采取临时措施固定，同时及时清除板缝中多余的胶液，否则会污染板面。

6）硬聚氯乙烯装饰板，用木螺钉和垫圈或金属压条固定，金属压条时，应先用钉将装饰板临时固定，然后加盖金属压条。

7）储运时，应防止损坏板材。严禁暴晒或高温、撞击。凡缺楞少角或有裂缝者不宜使用。

8）完成后的产品，应及时做好产品保护工作。

（二）质量检查与验收

（1）主控项目检验

主控项目检验见表 9-18。

表 9-18　主控项目检验

序号	项　目	合格质量标准	检验方法	检查数量
1	材料质量	饰面板的品种、规格、颜色和性能应符合设计要求，木龙骨、木饰面板和塑料饰面板的燃烧性能等应符合设计要求	观察；检查产品合格证书、进场验收记录和性能检测报告	室内每个检验批应至少抽查 10%，并不得少于 3 间；不足 3 间时应全数检查； 室外每个检验批每 100 m^3 应至少抽查 1 处，每处不得小于 10 m^2
2	饰面板孔槽	饰面板孔、槽的数量、位置和尺寸应符合设计要求	检查进场验收记录和施工记录	
3	饰面板安装	饰面板安装工程的预埋件（或后置埋件）、连接件的数量、规格、位置、连接方法和防腐处理必须符合设计要求。后置埋件的现场拉拔强度必须符合设计要求。饰面板安装必须牢固	手扳检查；检查进场验收记录、现场拉拔检测报告、隐蔽工程验收记录和施工记录	

（2）一般项目检验

一般项目检验见表9-19。

表9-19 一般项目检验

序号	项目	合格质量标准	检验方法	检查数量
1	饰面板表面质量	饰面板表面应平整、洁净、色泽一致，无裂痕和缺损。石材表面应无泛碱等污染	观察	同主控项目
2	饰面板嵌缝	饰面板嵌缝应密实、平直，宽度和深度应符合设计要求，嵌填材料色泽应一致	观察；尺量检查	
3	湿作业施工	采用湿作业法施工的饰面板工程，石材应进行防碱背涂处理。饰面板与基体之间的灌筑材料应饱满、密实	用小锤轻击检查；检查施工记录	
4	饰面板孔洞套割	饰面板上的孔洞应套割吻合，边缘应整齐	观察	
5	安装允许偏差	饰面板安装的允许偏差和检验方法应符合表9-20的规定	见表9-20	

表9-20 饰面板安装的允许偏差和检验方法

项次	项目	允许偏差/mm							检验方法
		石材			瓷板	木材	塑料	金属	
		光面	剁斧石	蘑菇石					
1	立面垂直度	2	3	3	2	1.5	2	2	用2 m垂直检测尺检查
2	表面平整度	2	3	—	1.5	1	3	3	用2 m靠尺和塞尺检查
3	阴阳角方正	2	4	4	2	1.5	3	3	用直角检测尺检查
4	接缝直线度	2	4	4	2	1	1	1	拉5 m线，不足5 m接通线，用钢直尺检查
5	墙裙、勒脚上口直线度	2	3	3	2	2	2	2	
6	接缝高低差	0.5	2	—	0.5	0.5	1	1	用钢尺和塞尺检查
7	接缝宽度	1	2	2	1	1	1	1	用钢直尺检查

注：本表摘自《建筑装饰装修工程质量验收规范》（GB/ 50210—2001）。

二、饰面砖粘贴工程

（一）质量控制要点

（1）一般要求

1）饰面砖粘贴应预排，使接缝顺直、均匀。同一墙面上的横竖排列，不得有一项以上的非整砖。非整砖应排在次要部位或阴角处。

2）基层表面如有管线、灯具、卫生设备等突出物，周围的砖应用整砖套割吻合，不得用非整砖拼凑镶贴。

3）粘贴饰面砖横竖须按弹线标志进行。表面应平整，不显接槎，接缝平直、宽度一致。

4）饰面砖的品种、规格、图案、颜色和性能应符合设计要求。进场后应派人进行挑选，并分类堆放备用。使用前，应在清水中浸泡 2 h 以上，晾干后方可使用。

5）饰面砖粘贴宜采用 1:2（体积比）水泥砂浆或在水泥砂浆中掺入≤15% 的石灰膏或纸筋灰，以改善砂浆的和易性。亦可用聚合物水泥砂浆粘贴，黏结层可减薄到 2～3 mm，108 胶的掺入量以水泥用量的 3% 为好。

（2）粘贴室内面砖

1）粘贴室内面砖时一般由下往上逐层黏贴，从阳角起贴，先贴大面，后贴阴阳角、凹槽等难度较大的部位。

2）每皮砖上口平齐成一线，竖缝应单边按墙上控制线齐直，砖缝应横平竖直。

3）粘贴室内面砖时，如设计无要求，接缝宽度为 1～1.5 mm。

4）墙裙、浴盆、水池等处和阴阳角处应使用配件砖。

5）粘贴室内面砖的房间，阴阳角须找方，要防止地面沿墙边出现宽窄不一现象。

6）如设计无特殊要求，砖缝用白水泥擦缝。

（3）粘贴室外面砖

1）粘贴室外面砖时，水平缝用嵌缝条控制（应根据设计要求排砖确定的缝宽做嵌缝木条）使用前木条应先捆扎后用水浸泡，以保证缝格均匀。施工中每次重复使用木条前都应及时清除余灰。

2）粘贴室外面砖的竖缝用竖向弹线控制，其弹线密度可根据操作工人水平确定，可每块弹，也可 5～10 块弹一垂线，操作时，面砖下面座在嵌条上，一边与弹线齐平。然后依次向上粘贴。

3）外墙面砖不应并缝粘贴，完成后的外墙面砖，应用 1:1 水泥砂浆勾缝，先勾横缝，后勾竖缝，缝深宜凹进面砖 2～3 mm，宜用方板平底缝，不宜勾圆弧底缝，完成后用布或纱头擦净面砖。必要时可用浓度 10% 稀盐酸刷洗，但必须随即用水冲洗干净。

4）外墙饰面粘贴前和施工过程中，均应在相同基层上做样板件，并对样板件的饰面砖黏结强度进行检验。每 300 m^2 同类墙体取 1 组试样，每组 3 个，每楼层不得少于 1 组；不足 300 m^2 每两楼层取 1 组。每组试样的平均黏结强度不应小于 0.4 MPa；每组可有一个试样的黏结强度小于 0.4 MPa，但不应小于 0.3 MPa。

5）饰面板（砖）工程的抗震缝、伸缩缝、沉降缝等部位的处理应保证缝的使用功能和饰面的完整性。

（4）粘贴陶瓷锦砖

1）外墙粘贴陶瓷锦砖时，整幢房屋宜从上往下进行，但如上下分段施工时亦可从下往上进行粘贴，整间或独立部位应一次完成。

2）陶瓷锦砖宜采用水泥浆或聚合物水泥浆粘贴。在粘贴之前基层应湿润，并刷水泥浆一遍，同时将每联陶瓷锦砖铺在木垫板上（底面朝上），清扫干净，缝中灌 1:2 干水泥砂。用软毛刷刷净底面砂，涂上 2～3 mm 厚的一层水泥浆（1:0.3 = 水泥∶石灰膏），然后进行粘贴。

3）在陶瓷锦砖粘贴完后 20～30 min，将纸面用水润湿，揭去纸面，再拨缝使达到横平竖直，应仔细拍实、拍平，用水泥浆揩缝后擦净面层。

（二）质量检查与检验

（1）主控项目检验

主控项目检验见表9-21。

表 9-21　主控项目检验

<table>
<tr><th>序号</th><th>项　目</th><th>合格质量标准</th><th>检验方法</th><th>检查数量</th></tr>
<tr><td>1</td><td>饰面砖质量</td><td>饰面砖的品种、规格、图纸、颜色和性能应符合设计要求</td><td>观察；检查产品合格证书、进场验收记录、性能检测报告和复验报告</td><td rowspan="4">室内每个检验批应至少抽查10%，并不得少于3间；不足3间时应全数检查；
室外每个检验批每100 m^2 应至少抽查一处，每处不得小于10 m^2</td></tr>
<tr><td>2</td><td>饰面砖粘贴材料</td><td>饰面砖粘贴工程的找平、防水、黏结和勾缝材料及施工方法应符合设计要求及国家现行产品标准和工程技术标准的规定</td><td>检查产品合格证书、复验报告和隐蔽工程验收记录</td></tr>
<tr><td>3</td><td>饰面砖粘贴</td><td>饰面砖粘贴必须牢固</td><td>检查样板件黏结强度检测报告和施工记录</td></tr>
<tr><td>4</td><td>满粘法施工</td><td>满粘法施工的饰面砖工程应无空鼓、裂缝</td><td>观察；用小锤轻击检查</td></tr>
</table>

（2）一般项目检验

一般项目检验见表9-22。

表 9-22　一般项目检验

<table>
<tr><th>序号</th><th>项　目</th><th>合格质量标准</th><th>检验方法</th><th>检查数量</th></tr>
<tr><td>1</td><td>饰面砖表面质量</td><td>饰面砖表面应平整、洁净、色泽一致，无裂痕和缺损</td><td rowspan="2">观　察</td><td rowspan="6">同主控项目</td></tr>
<tr><td>2</td><td>阴阳角及非整砖</td><td>阴阳角处搭接方式、非整砖使用部位应符合设计要求</td></tr>
<tr><td>3</td><td>墙面突出物</td><td>墙面突出物周围的饰面砖应整砖套割吻合，边缘应整齐。墙裙、贴脸突出墙面的厚度应一致</td><td rowspan="2">观察；尺量检查</td></tr>
<tr><td>4</td><td>饰面砖接缝、填嵌、宽深</td><td>饰面砖接缝应平直、光滑，填嵌应连续、密实；宽度和深度应符合设计要求</td></tr>
<tr><td>5</td><td>滴水线</td><td>有排水要求的部位应做滴水线（槽）。滴水线（槽）应顺直，流水坡向应正确，坡度应符合设计要求</td><td>观察；用水平尺检查</td></tr>
<tr><td>6</td><td>允许偏差</td><td>饰面砖黏贴的允许偏差和检验方法应符合表9-23的规定</td><td>见表9-23</td></tr>
</table>

表 9-23　饰面砖粘贴的允许偏差和检验方法

<table>
<tr><th rowspan="2">项次</th><th rowspan="2">项　目</th><th colspan="2">允许偏差/mm</th><th rowspan="2">检验方法</th></tr>
<tr><th>外墙面砖</th><th>内墙面砖</th></tr>
<tr><td>1</td><td>立面垂直度</td><td>3</td><td>2</td><td>用2 m垂直检测尺检查</td></tr>
<tr><td>2</td><td>表面平整度</td><td>4</td><td>3</td><td>用2 m靠尺和塞尺检查</td></tr>
<tr><td>3</td><td>阴阳角方正</td><td>3</td><td>3</td><td>用直角检测尺检查</td></tr>
<tr><td>4</td><td>接缝直线度</td><td>3</td><td>2</td><td>拉5 m线，不足5 m拉通线，用钢直尺检查</td></tr>
<tr><td>5</td><td>接缝高低差</td><td>1</td><td>0.5</td><td>用钢直尺和塞尺检查</td></tr>
<tr><td>6</td><td>接缝宽度</td><td>1</td><td>1</td><td>用钢直尺检查</td></tr>
</table>

注：本表摘自《建筑装饰装修工程质量验收规范》（GB 50210—2001）。

第四节 涂 饰 工 程

一、水性涂料涂饰工程

（一）质量控制要点

（1）水性涂料涂饰工程应当在抹灰工程、地面工程、木装修工程、水暖电气安装工程等全部完成后，并在清洁干净的环境下施工。

（2）水性涂料涂饰工程的施工环境温度应在 5～35 ℃之间。冬期施工，室内涂饰应在采暖条件下进行，保持均衡室温，防止浆膜受冻。

（3）水性涂料涂饰工程施工前，应根据设计要求做样板间，经有关部门同意认可后，才准大面积施工。

（4）基层表面必须干净、平整。表面麻面等缺陷应用腻子填平并用砂纸磨平磨光。

（5）涂饰工程的基层处理应符合下列要求：

1）新建筑物的混凝土或抹灰基层在涂饰涂料前应涂刷抗碱封闭底漆。

2）旧墙面在涂饰涂料前应清除疏松的旧装修层，并涂刷界面剂。

3）涂刷乳液型涂料时，含水率不得大于 10%。木材基层的含水率不得大于 12%。

4）基层腻子应平整、坚实、牢固、无粉化、起皮和裂缝，内墙腻子的黏结强度应符合《建筑室内用腻子》（JG/T 3049）的规定。

5）厨房、卫生间墙面必须使用耐水腻子。

（6）现场配制的涂饰涂料，应经试验确定，必须保证浆膜不脱落、不掉粉。

（7）涂刷要做到颜色均匀、分色整齐、不漏刷、不透底，每个房间要先刷顶棚，后由上而下一次做完。浆膜干燥前，应防止尘土玷污，完成后的产品，应加以保护，不得损坏。

（8）湿度较大的房间刷浆，应采用具有防潮性能的腻子和涂料。

（9）机械喷浆可不受喷涂遍数的限制，以达到质量要求为准。门窗、玻璃不需刷浆的部位应遮盖，以防玷污。

（10）室内涂饰，一面墙每遍必须一次完成，涂饰上部时，溅到下部的浆点，要用铲除掉，以免妨碍平整美观。

（11）顶棚与墙面分色处，应弹浅色分色线。用排笔刷浆时要笔路长短齐，均匀一致，干后不许有明显接头痕迹。

（12）涂层与其他装修材料和设备衔接处应吻合，界面应清晰。

（13）室外涂饰，同一墙面应用相同的材料和配合比。涂料在施工时，应经常搅拌，每遍涂层不应过厚，涂刷均匀。若分段施工时，其施工缝应留在分格缝、墙的阴阳角处或水落管后。

（14）涂饰工程应在涂层养护期满后进行质量验收。

（二）质量检查与验收

（1）主控项目检验

主控项目检验见表 9-24。

表 9-24　主控项目检验

序号	项　　目	合格质量标准	检 验 方 法	检查数量
1	材料质量	水性涂料涂饰工程所用涂料的品种、型号和性能应符合设计要求	检查产品合格证书、性能检测报告和进场验收记录	室外涂饰工程每100 m^2应至少抽查一处，每处不得小于10 m^2； 室内涂饰工程每个检验批应至少抽查10%，并不得少于3间；不足3间时应全数检查
2	涂饰颜色和图案	水性涂料涂饰工程的颜色、图案应符合设计要求	观察	
3	涂饰综合质量	水性涂料涂饰工程应涂饰均匀、黏结牢固，不得漏涂、透底、起皮和掉粉	观察；手摸检查	
4	基层处理的要求	水性涂料涂饰工程的基层处理应符合基层处理要求	观察：手摸检查；检查施工记录	

（2）一般项目检验

一般项目检验见表 9-25。

表 9-25　一般项目检验

序号	项　　目	合格质量标准	检 验 方 法	检 查 数 量
1	涂层与其他材料和设备衔接处	涂层与其他装修材料和设备衔接处应吻合，界面应清晰		同主控项目
2	薄涂料涂饰质量允许偏差	薄涂料的涂饰质量和检验方法应符合表9-26的规定	见表 9-26	
3	厚涂料涂饰质量允许偏差	厚涂料的涂饰质量和检验方法应符合表9-27的规定	见表 9-27	
4	复层涂料涂饰质量允许偏差	复层涂料的涂饰质量和检验方法应符合表9-28的规定	见表 9-28	

表 9-26　薄涂料的涂饰质量和检验方法

序号	项　　目	普　通　涂　饰	高 级 涂 饰	检 验 方 法
1	颜　色	均匀一致	均匀一致	观　察
2	泛碱、咬色	允许少量轻微	不允许	
3	流坠、疙瘩	允许少量轻微	不允许	
4	砂眼、刷纹	允许少量轻微砂眼，刷纹通顺	无砂眼，无刷纹	
5	装饰线、分色线直线度允许偏差/mm	2	1	接5 m线，不足5 m接通线，用钢直尺检查

注：本表摘自《建筑装饰装修工程质量验收规范》（GB 50210—2001）。

表 9-27　厚涂料的涂饰质量和检验方法

序　　号	项　　目	普 通 涂 饰	高 级 涂 饰	检 验 方 法
1	颜色	均匀一致	均匀一致	观　　察
2	泛碱、咬色	允许少量轻微	不允许	
3	点状分布	—	疏密均匀	

注：本表摘自《建筑装饰装修工程质量验收规范》（GB 50210—2001）。

表 9-28　复层涂料的涂饰质量和检验方法

序　　号	项　　目	质　量　要　求	检 验 方 法
1	颜　　色	均匀一致	观　　察
2	泛碱、咬色	不允许	
3	喷点疏密程度	均匀，不允许连片	

注：本表摘自《建筑装饰装修工程质量验收规范》（GB 50210—2001）。

二、溶剂型涂料涂饰工程

（一）质量控制要点

（1）一般溶剂型涂料涂饰工程施工时的环境温度不宜低于 10 ℃，相对湿度不宜大于 60%。遇有大风、雨、雾等天气时，不宜施工（特别是面层涂饰，更不宜施工）。

（2）冬期施工室内溶剂型涂料涂饰工程时，应在采暖条件下进行，室温保持均衡。

（3）溶剂型涂料涂饰工程施工前，应根据设计要求做样板件或样板间。经有关部门同意认可后，才准大面积施工。

（4）木材表面涂饰溶剂型混色涂料应符合下列要求：

1）刷底涂料时，木料表面、橱柜、门窗等玻璃口四周必须涂刷到位，不可遗漏。

2）木料表面的缝隙、毛刺、戗茬修整后，应用腻子多次填补，并用砂纸磨光。较大的缝隙应用木纹相同的材料用胶镶嵌。

3）抹腻子时，对于宽缝、深洞要填入压实，抹平刮光。

4）打磨砂纸要光滑，不能磨穿油底，不可磨损棱角。

5）橱柜、门窗扇的上冒头顶面和下冒头底面不得漏刷涂料。

6）涂刷涂料时应横平竖直，纵横交错、均匀一致。涂刷顺序应先上后下，先内后外，先浅色后深色。按木纹方向理平理直。

7）每遍涂料应涂刷均匀，各层必须结合牢固。每遍涂料施工时，应待前一遍涂料干燥后进行。

（5）金属表面涂饰溶剂型涂料应符合下列要求：

1）涂饰前，金属面上的油污、鳞皮、锈斑、焊渣、毛刺、浮砂、尘土等，必须清除干净。

2）防锈涂料不得遗漏，且涂刷要均匀。

3）防锈涂料和第一遍银粉涂料，应在设备、管道安装就位前涂刷，最后一遍银粉涂料应在刷浆工程完工后涂刷。

4）薄钢屋面、檐沟、水落管、泛水等涂料时，可不刮腻子，但涂刷防锈涂料不应少于两遍。

5）金属构件和半成品安装前，应检查防锈有无损坏，损坏处应补刷。

6）薄钢板制作的屋脊、檐沟和天沟等咬口处，应用防锈油腻子填抹密实。

7）金属表面除锈后，应在 8 h 内（湿度大时为 4 h 内）尽快刷底涂料，待底充分干燥后再涂刷后层涂料，其间隔时间视具体条件而定，一般不应少于 48 h。第一和二度防锈涂料涂刷间隔时间不应超过 7 d。

8）高级涂料做磨退时，应用醇酸磁涂刷，并根据涂膜厚度增加 1 ~ 2 遍涂料和磨退，打砂蜡、打油蜡、擦亮的工作。

9）金属构件在组装前应先涂刷一遍底子油（干性油、防锈涂料），安装后再涂刷涂料。

（6）混凝土表面和抹灰表面涂溶剂型涂料应符合下列要求

1）在涂饰前，基层应充分干燥洁净，不得有起皮、松散等缺陷。粗糙面应磨光，缝隙、小洞及不平处应用腻子补平。外墙在涂饰前先刷一遍封闭涂层，然后再刷底子油涂料，中间层和面层。

2）涂刷乳胶漆时，稀释后的乳胶漆应在规定时间内用完，并且不得加入催干剂，外墙表面的缝隙、孔洞和磨面，不得用大白纤维素等低强度的腻子填补，应用水泥乳胶腻子填补。

3）外墙面油漆，应选用有防水性能的涂料。

（7）木材表面涂刷清漆应符合下列要求

1）应当注意色调均匀，拼色相互一致，表面不得显露节疤。

2）在涂刷清漆、上蜡时，要做到均匀一致，理平理光，不可显露刷纹。

3）对修拼色必须十分重视，在修色后，要求在距离 1 m 内看不见修色痕迹为准。对颜色明显不一致的木材，要通过拼色达到颜色基本一致。

4）有打蜡出光要求的工程，应当将砂蜡打匀，擦油蜡时要薄而匀、赶光一致。

（二）质量检查与验收

（1）主控项目检验

主控项目检验见表 9-29。

表 9-29　主控项目检验

序号	项　目	合格质量标准	检验方法	检查数量
1	涂料质量	溶剂型涂料涂饰工程所选用涂料的品种、型号和性能应符合设计要求	检查产品合格证书、性能检测报告和进场验收记录	室外涂饰工程每 100 m^2 应至少检查一处，每处不得小于 10 m^2； 室内涂饰工程每个检验批应至少抽查 10%，并不得少于 3 间，不足 3 间时应全数检查
2	颜色、光泽、图案	溶剂型涂料涂饰工程的颜色、光泽、图案应符合设计要求	观　察	
3	涂饰综合质量	溶剂型涂料涂饰工程应涂饰均匀、黏结牢固，不得漏涂、透底、起皮和反锈	观察；手摸检查	
4	基层处理	溶剂型涂料涂饰工程的基层处理应符合以下要求； （1）新建筑物的混凝土或抹灰基层在涂饰涂料前应涂刷抗碱封闭底漆； （2）旧墙在涂饰涂料前应清除疏松的旧装修层，并涂刷界面剂； （3）混凝土或抹灰基层涂刷溶剂型涂料时，含水率不得大于 8%；涂刷乳液型涂料时，含水率不得大于 10%。木材基层的含水率不得大于 12%； （4）基层腻子应平整、坚实、牢固，无粉化、起皮和裂缝；内墙腻子的黏结强度应符合《建筑室内用腻子》（JG/T 3049）的规定； （5）厨房、卫生间墙面必须使用耐水腻子	观察；手摸检查；检查施工记录	

（2）一般项目检验

一般项目检验见表 9-30。

表 9-30　一般项目检验

序号	项　目	合格质量标准	检验方法	检查数量
1	与其他材料、设备衔接	涂层与其他装修材料和设备衔接处应吻合，界面应清晰	观察	同主控项目
2	色漆饰质	色漆的涂饰质量和检验方法应符合表 9-31 的规定	见表 9-31	
3	清漆涂饰质量	清漆的涂饰质量和检验方法应符合表 9-32 的规定	见表 9-32	

表 9-31　色漆的涂饰质量和检验方法

序号	项　目	普通涂饰	高级涂饰	检验方法
1	颜色	基本一致	均匀一致	观察
2	光泽、光滑	光泽基本均匀光滑无挡手感	光泽均匀一致光滑	观察；手摸检查
3	刷纹	刷纹通顺	无刷纹	观察
4	裹棱、流坠、皱皮	明显处不允许	不允许	
5	装饰线、分色线直度允许偏差/mm	2	1	接 5 m 线，不足 5 m 接通线，用钢直尺检查

注：1. 无光色漆不检查光泽。

2. 本表摘自《建筑装饰装修工程质量验收规范》（GB 50210 —2001）。

表 9-32　清漆的涂饰质量和检验方法

序号	项　目	普通涂饰	高级涂饰	检验方法
1	颜色	基本一致	均匀一致	观　察
2	木纹	棕眼刮平、木纹清楚	棕眼刮平、木纹清楚	
3	光泽、光滑	光泽基本均匀 光滑无挡手感	光泽均匀一致光滑	观察；手摸检查
4	刷纹	无刷纹	无刷纹	观　察
5	裹棱、流坠、皱皮	明显处不允许	不允许	

注：本表摘自《建筑装饰装修工程质量验收规范》（GB 50210—2001）。

三、美术涂饰工程

（一）质量控制要点

（1）滚花

先在完成的涂饰表面弹垂直粉线，然后沿粉线自上而下滚涂，滚筒的轴必须要垂直于粉线，不得歪斜。滚花完成后，周边应画色线或做边，方格线。

（2）仿木纹、仿石纹

应在第一遍涂料表面上进行。待摹仿纹理或油色拍丝等完成后，表面应涂刷一遍罩面清漆。

（3）鸡皮皱

在油漆中需掺入 20% ~30% 的大白粉（质量比），用松节油进行稀释。涂刷厚度一般为 2 mm，表面拍打起粒应均匀、大小一致。

（4）拉毛

在油漆中需掺入石膏粉或滑石粉，其掺量和涂刷厚度，应根据波纹大小由试验确定。面层干燥后，宜用砂纸磨去毛尖。

（5）套色漏花，刻制花饰图套漏板，宜用喷印方法进行，并按分色顺序进行喷印。前一套漏板喷印完，应待涂料稍干后，方可进行下一套漏板的喷印。

（二）质量检查与验收

（1）主控项目检验

主控项目检验见表 9-33。

表 9-33　主控项目检验

序号	项　目	合格质量标准	检验方法	检验数量
1	材料质量	美术涂饰所用材料的品种、型号和性能应符合设计要求	观察；检查产品合格证书、性能检测报告和进场验收记录	室外涂饰工程每 100 m^2 应至少检查一处，每处不得小于 10 m^2； 室内涂饰工程每个检验批应至少抽查 10%，并不得小于 3 间，不足 3 间时应全数检查
2	涂饰综合质量	美术涂饰工程应涂饰均匀、黏结牢固，不得漏涂、透底、起皮、掉粉和反锈	观察；手摸检查	
3	基层处理	美术涂饰工程的基层处理应符合以下要求： （1）新建筑物的混凝土或抹灰基层在涂饰涂料前应涂刷抗碱封闭底漆； （2）旧墙面在涂饰涂料前应清除疏松的旧装修层，并涂刷界面剂； （3）混凝土或抹灰基层涂刷溶剂型涂料时，含水率不得大于 8%；涂刷乳液型涂料时，含水率不得大于 10%。木材基层的含水率不得大于 12%； （4）基层腻子应平整、坚实、牢固，无粉化、起皮和裂缝；内墙腻子的黏结强度应符合《建筑室内用腻子》（JG/T 3049）的规定； （5）厨房、卫生间墙面必须使用耐水腻子	观察；手摸检查；检查施工记录	
4	套色、花纹、图案	美术涂饰的套色、花纹和图案应符合设计要求	观察	

（2）一般项目检验

一般项目检验见表 9-34。

表 9-34　清漆的涂饰质量和检验方法

序号	项　目	合格质量标准	检验方法	检验数量
1	表面质量	美术涂饰表面应洁净，不得有流坠现象	观　察	同主控项目
2	仿花纹理涂饰表面质量	仿花纹理涂饰的饰面应具有被模仿材料的纹理		
3	套色涂饰图案	套色涂饰的图案不得移位，纹理和轮廓应清晰		

复 习 思 考 题

1. 简述一般抹灰工程的质量控制要点。
2. 试说明如何进行一般抹灰工程的质量检查验收？
3. 简述装饰抹灰工程质量控制要点。
4. 简述木门窗制作和安装工程质量控制要点。
5. 简述饰面板安装工程质量控制要点。
6. 试说明如何进行饰面砖粘贴工程的质量检查与验收？
7. 简述水性涂料涂饰工程的质量控制要点。
8. 试说明如何进行溶剂型涂料涂饰工程的质量检查与验收？

第十章 建筑工程质量事故处理

由于影响建筑产品质量的因素繁多，在施工过程中稍有不慎，就极易引起系统性因素的质量变异，从而产生质量问题、质量事故、甚至发生严重的工程质量事故。因此，必须采取有效的措施，对常见的质量问题和事故事先加以预防，并对已经出现的质量事故及时进行分析和处理。

第一节 建筑工程质量事故的特点和分类

一、建筑工程施工质量事故的特点

根据我国有关质量、质量管理和质量保证方面的国家标准的定义，凡工程产品质量没有满足某个规定的要求，就称之为质量不合格；而没有满足某个预期的使用要求或合理的期望(包括与安全性有关的要求)，则称之为质量缺陷。在建设工程中通常所称的工程质量缺陷，一般是指工程不符合国家或行业现行有关技术标准、设计文件及合同中对质量的要求。

由于工程质量不合格和质量缺陷，而造成或引发经济损失、工期延误或危及人的生命和社会正常秩序的事件，称为工程质量事故。

工程质量事故具有复杂性、严重性、可变性和多发性的特点。

（一）复杂性

建筑生产与一般工业相比有产品固定、生产流动，产品多样、结构类型不一、露天作业多，自然条件复杂多变，材料品种、规格多，材料性能各异，多工种、多专业交叉施工，相互干扰大，工艺要求不同、施工方法各异、技术标准不一等特点。因此，影响工程质量的因素繁多，造成质量事故的原因错综复杂，即使是同一类质量事故，原因却可能截然不同。例如，就墙体开裂质量事故而言，其产生的原因就可能是设计计算有误，地基不均匀沉降，或温度应力、地震力、冻胀力的作用；也可能是施工质量低劣、偷工减料或材料不良等。所以使得对质量事故进行分析，判断其性质、原因及发展，确定处理方案与措施等都增加了复杂性。

（二）严重性

工程项目一旦出现质量事故，其影响较大。轻者影响工程顺利进行、拖延工期、增加工程费用，重者则会留下隐患成为危险的建筑，影响作用功能或不能使用，更严重的还会引起建筑物的失稳、倒塌，造成人民生命、财产的巨大损失。所以对于建筑工程质量事故问题不能掉以轻心，必须高度重视，加强对工程建筑质量的监督管理，防患于未然，力争将事故消灭在萌芽之中，以确保建筑物的安全作用。

（三）可变性

许多建筑工程的质量事故出现后，其质量状态并非稳定于发现时的初始状态，而是有可能随时间、环境、施工情况的变化而不断地发展变化着。例如，地基基础或桥墩的超量沉降可能随上部荷载的不断增大而继续发展；混凝土结构出现的裂缝可能随环境温度的变化而变化，或随荷载的变化及持荷时间的变化而变化等。因此，有些在初始阶段并不严重的质量问题，如不及时处理和纠正，有可能发展成严重的质量事故。例如，开始时微细的裂缝可能发展为结构断裂或建筑物倒塌事故。所以在分析、处理工程质量事故时，一定要注意质量事故的可变性，应及时采取可靠的措施，防止事故进一步恶化，或加强观测与试验，取得可靠数据，预测未来发展的趋向。

（四）多发性

建筑工程质量事故多发性有两种情况，一种是有些事故像“常见病”、“多发病”一样经常发生，而成为质量通病。例如，混凝土、砂浆强度不足，预制构件裂缝等；另一种是有些同类事故一再发生。例如，悬挑结构断塌事故，近几年在全国十几个省、市先后发生数十起，一再重复出现。

二、建筑工程施工质量事故的分类

中华人民共和国住房和城乡建设部2010年7月20日发布了《关于做好房屋建筑和市政基础设施工程质量事故报告和调查处理工作的通知》（建质［2010］111号），并于2010年7月20日起实施，其中事故等级划分规定如下：

根据工程质量事故造成的人员伤亡或者直接经济损失，工程质量事故分为4个等级：

（一）特别重大事故，是指造成30人以上死亡，或者100人以上重伤，或者1亿元以上直接经济损失的事故；

（二）重大事故，是指造成10人以上30人以下死亡，或者50人以上100人以下重伤，或者5 000万元以上1亿元以下直接经济损失的事故；

（三）较大事故，是指造成3人以上10人以下死亡，或者10人以上50人以下重伤，或者1 000万元以上5 000万元以下直接经济损失的事故；

（四）一般事故，是指造成3人以下死亡，或者10人以下重伤，或者100万元以上1 000万元以下直接经济损失的事故。

本等级划分所称的“以上”包括本数，所称的“以下”不包括本数。

第二节　建筑工程质量事故处理的依据和程序

一、工程事故处理的依据

工程质量事故发生后，首先应查明原因，落实措施，妥善处理，消除隐患，界定责任。其核心及关键是查明原因。

工程质量事故发生的原因是多方面的，引发事故的原因不同，事故责任的界定与承担的责任不同，事故处理的措施也不同。总之，对于所发生的质量事故，无论是分析原因、界定责任，还是做出处理决定，都需要以切实可靠的客观依据为基础。概括起来，进行工程质量事故处理的主要依据有以下四个方面。

（一）质量事故的实况资料

要查明质量事故的原因和确定处理对策，首要的是掌握质量事故的实际情况。相关质量事故实况的资料主要可来自以下几个方面。

（1）施工单位的质量事故调查报告

质量事故发生后，施工单位有责任就所发生的质量事故进行周密的调查，研究掌握情况，并在此基础上写出调查报告，提交监理工程师和业主。在调查报告中首先应将与质量事故有关的实际情况做详尽的说明，其内容应包括：

1）质量事故发生的时间、地点；

2）质量事故状况的描述：例如，发生事故的类型（如混凝土裂缝、砖砌体裂缝等）；发生的部位（楼层、部位——梁、柱等），分布状态及范围，缺陷程度（裂缝长度、宽度、深度等）；

3）事故发展变化的情况：如，是否扩大其范围、程度，是否已经稳定等；

4）有关质量事故的观测记录。

（2）监理单位调查研究所获得的第一手资料

其内容与施工单位调查报告中的有关内容大致相似，可用来与施工单位所提供的情况对照、核实。

（二）有关合同及合同文件

（1）所涉及的文件

所涉及的文件可以是设计委托合同，工程承包合同，监理委托合同，设备与器材购销合同等。

（2）有关合同和合同文件在处理质量事故中的作用

有关合同和合同文件是判断在施工过程中有关各方是否按照合同有关条款实施其活动。例如，施工单位是否按规定时间要求通知监理进行隐蔽工程检验，监理人员是否按规定时间实施检查和验收。施工单位在材料进场时，是否按规定进行检验等，借以探寻产生质量事故的原因。此外，有关合同文件还是界定质量责任的重要依据。

（三）有关技术文件和档案

（1）有关的设计文件

有关的设计文件是施工的重要依据。在处理质量事故中，一方面是可以对照设计文件，核查施工质量是否完全符合设计的规定和要求；另一方面是可以根据所发生的质量事故情况，核查设计中是否存在问题和缺陷。

（2）与施工有关的技术文件和档案、资料

1）施工组织设计或施工方案、施工计划。

2）施工记录、施工日志等。借助这些资料可以追溯和探寻事故的可能原因。

3）有关建筑材料的质量证明资料。例如，材料的批次、出厂日期、出厂合格证可检测报告、施工单位抽检或试验报告等。

4）现场制备材料的质量证明资料。例如，混凝土搅拌料的配合比、水灰比、坍落度记录，混凝土试块强度试验报告，沥青拌合料配合比、出机温度和摊铺温度记录等。

5）对事故状况的观测记录、试验记录或试验报告等。例如，对地基沉降的观测记录，对建筑物倾斜和变形的观测记录，对混凝土结构物钻取试样的记录与试验报告等。

6）其他有关资料：上述各类技术资料对于分析质量事故原因，判断其发展变化趋势，推断事故影响及严重程度，决定处理措施等都是不可缺少的。

（四）有关的建设法规

（1）设计、施工单位资质管理方面的法规

这类法规文件主要内容涉及勘察设计单位、施工企业和监理单位的等级划分，明确各级企业或单位应具备的条件，确定各级企业或单位所能承担的任务范围等。

（2）建筑市场方面的法规

这类法规主要涉及工程发包、承包活动，以及国家对建筑市场的管理活动。

（3）建筑施工方面的法规

这类法规主要涉及有关施工技术管理、建设工程质量监督管理、建筑安全生产管理和施工机械设备管理、工程监理等方面的法律规定，它们都是与现场施工密切相关的，因而与工程施工质量有密切关系和直接关系。

（4）关于标准化法规

这类法规主要涉及技术标准（勘测、设计、施工、安装、验收等）、经济标准和管理标准（如建设程序、设计文件深度、企业生产组织和生产能力标准、质量管理与质量保证标准等）。

二、工程质量事故处理程序

工程质量事故发生后，事故现场有关人员应立即向工程建设单位负责人报告，工程建设单位负责人接到报告后，应于1小时内向事故发生地县级以上人民政府住房和城乡建设主管部门及有关部门报告。较大、重大及特别重大事故逐级上报至国务院住房和城乡建设主管部门，一般事故逐级上报至省级人民政府住房和城乡建设主管部门。

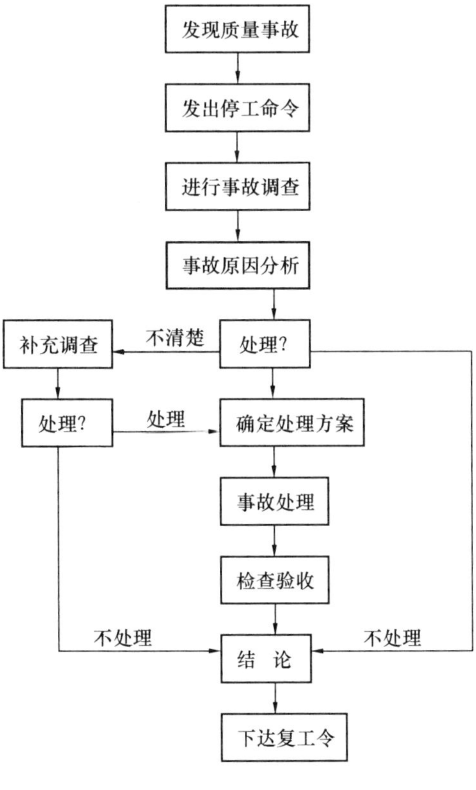

图 10-1　工程质量事故处理程序框图

工程质量事故一般可以按以下程序进行处理，如图10-1所示。

（1）当发现工程出现质量事故后，监理工程师首先应以“停工令”的形式通知施工单位，并要求停止有质量缺陷部位和与其关联部位及下道工序施工，需要时，还应要求施工单位采取防护措施，同时，要及时向业主和主管部门报告。

（2）施工单位接到质量通知单后，在监理工程师组织与参与下，尽快进行质量事故的调查，写出调查报告。

调查的主要目的是要查明事故的范围、缺陷程度、性质、影响和原因，为事故的分析处理提供依据。调查应力求全面、准确、客观。

调查报告的内容主要包括：

1）与事故有关的工程情况；

2）质量事故的详细情况，如质量事故发

生的时间、地点、部位、性质、现状及发展变化情况等；

3）事故调查中有关的数据、资料；

4）质量事故原因分析与判断；

5）是否需要采取临时防护措施；

6）事故处理及缺陷补救的建议方案与措施；

7）事故涉及的有关人员和责任者的情况。

事故情况调查是事故原因分析的基础，有些质量事故原因复杂，常涉及勘察、设计、施工、材料、工程环境条件等方面，因此，调查必须全面、详细、客观、准确。

(3) 在事故调查的基础上进行事故原因分析，正确判断事故发生原因。

事故原因分析是确定事故处理措施的基础。正确的处理方法来源于对事故原因的正确判断。只有对调查提供的充分的调查资料、数据进行详细、深入的分析后，才能找出造成事故的真正原因。为此，监理工程师应当组织设计、施工、建设单位等各方参加事故原因分析。

常见的质量事故原因有以下几类：

1）违反基本建设程序，无证设计，违章施工；

2）地基承载能力不足或地基变形过大；

3）材料性能不良，构件制品质量不合格；

4）设计构造不当，结构计算错误；

5）不按设计图纸施工，随意改变设计方案；

6）不按规范要求施工，操作质量低劣；

7）施工管理混乱，施工顺序错误；

8）施工或使用荷载超过设计规定，楼面堆载过大；

9）温度、湿度等环境影响，酸、碱、盐等化学腐蚀；

10）其他外因作用：如大风、爆炸、地震等。

(4) 在事故原因分析的基础上，研究制订事故处理方案

事故处理方案的制订，应以事故原因分析为基础，如果某些事故一时认识不清，而且一时不致产生严重的恶化，可以继续进行调查、观测，以便掌握更充分的资料数据，做进一步分析，找出原因，以利制订处理方案。切忌急于求成，不能对症下药，采取的处理措施不能达到预期效果，造成重复处理的不良后果。

制订的事故处理方案，应体现安全可靠，不留隐患，满足建筑物的功能和使用要求，技术可行、经济合理等原则。如果各方一致认为质量缺陷不需专门的处理，必须经过充分的分析和论证。

(5) 实施对质量事故处理

确定处理方案后，由监理工程师指令施工单位按既定的处理方案实施对质量缺陷的处理。

发生的质量事故，不论是否由于施工承包单位方面的责任原因造成的，质量事故的处理通常都是由施工承包单位负责实施。

(6) 质量事故处理的检查验收

在质量事故处理完毕后，监理工程师应组织有关人员，对处理的结果进行严格的检查

和验收。评定处理结果是否符合设计要求。

（7）下达复工令

监理工程师对质量事故处理结果检查验收后，若符合处理方案中的标准要求，监理工程师即可下达“复工令”，工程可重新复工。

【案例】

1. 背景：

某教学楼建筑面积800 m^2，是一栋3层砖混结构教学楼，层高3.6 m，楼盖为钢筋混凝土楼盖和通长钢筋混凝土阳台，阳台挑出1.8 m，屋面为瓦屋面，钢筋混凝土板式雨篷。该楼由县建筑设计室设计，存在明显缺陷，雨篷梁和雨篷板不符合设计规范，施工由10名个体农民承包，施工时不同程度存在不符合设计要求和施工规范要求，另外，该工程未报建、审批、办理施工、质量监督手续。在拆2层楼盖钢筋混凝土雨篷模板时，造成4人死亡，2人重伤，经济损失5.25万元。

2. 问题：

（1）该质量事故属于哪级事故，依据是什么？

（2）造成该质量事故的原因是什么？

3. 分析与答案：

（1）该质量事故属于三级重大事故

依据住建部《关于做好房屋建筑和市政基础设施工程质量事故报告和调查处理工作通知》，本工程这起事故可定为较大事故。《通知》中明确规定：死亡3人以上，10人以下，为较大事故。

（2）造成该质量事故的原因

1）设计存在明显缺陷，雨篷梁和雨篷板不符合设计规范；2）施工时不同程度存在不符合设计要求和施工规范要求，违背建设程序，未报建、审批、办理施工、质量监督手续。

第三节　建筑工程施工质量事故处理的方法与验收

一、工程事故处理的方法

（一）返工

对于未达到规范或标准的质量事故，严重影响到工程正常使用的安全，而且又无法通过修补的方法予以纠正时，必须采取返工重做的措施。

（二）修补

这种方法适用于通过修补可以不影响工程的外观和正常使用的质量事故。它是利用修补的方法对工程质量事故予以补救，这类工程事故在工程施工中是经常发生的。

（三）不作处理

有些工程质量问题，虽然超过了有关规范规定，已具有质量事故的性质，但可针对具体情况通过有关各方分析讨论，认定可不需专门处理，这样的情况有：

（1）不影响结构的安全、生产工艺和使用要求例如，有的建筑物在施工中发生错位事故，若进行彻底纠正，难度很大，将会造成重大的经济损失，经过分析论证后，只要不影响生产工艺和使用要求，可不作处理。

（2）较轻微的质量缺陷

这类质量缺陷通过后序工程可以弥补的，可不作处理。例如，混凝土墙板面出现了轻微的蜂窝、麻面质量问题，该缺陷可通过后序工程抹灰、喷涂进行弥补，则不需要对墙板缺陷进行专门的处理。

（3）对出现的某些质量事故，经复核验算后仍能满足设计要求者可不作处理

例如，结构断面尺寸比设计要求稍小，经认真验算后，仍能满足设计要求者，可不作处理。但必须特别注意，这种方法实际上是挖掘设计的潜力，对此需要格外慎重。

二、质量事故处理决策的辅助方法

对质量事故处理的决策，是一项复杂而重要的工作，它直接关系到工程的质量、工期和费用。所以，要做出对质量事故处理的决定，特别是对需要做出返工或不做处理的决定，更应当慎重。在对于某些复杂的质量事故做出处理决定前，可采取以下辅助方法做进一步论证。

（一）实验验证

即对某些有严重质量缺陷的项目，可采取合同规定的常规试验方法进一步进行验证，以便确定缺陷的严重程度。例如，混凝土构件的试件强度低于要求的标准不大（10%以内），可进行加载试验，以证明其是否满足使用要求。又如市政道路工程的沥青面层厚度误差超过了规范允许范围，可采用弯沉试验，检查路面的整体强度等。根据对试验验证检查的分析、论证、再研究处理决策。

（二）定期观测

有些工程，在发现其质量缺陷时其状态可能尚未达到稳定仍会继续发展，在这种情况下一般不宜过早做出决定，可以对其进行一段时间的观测，然后再根据情况做出决定。属于这类的质量缺陷。如，建筑物沉降超过预计和规定的标准，建筑物墙体产生裂缝并处于发展状态等。有些有缺陷的工程，短期内其影响可能不明显，需要较长时间的观察检测或沉降观测才能得出结论。

（三）专家论证

对于某些工程缺陷，可能涉及的技术领域比较广泛，则可采取专家论证。采用这种办法时，应事先做好充分准备，尽早为专家提供尽可能详尽的情况和资料，以便使专家能够进行较充分、全面和细致的分析研究，提出切实的意见与建议。实践证明，采取这种方法，对重大事故问题做出恰当处理的决定十分有益。

三、质量事故处理的鉴定验收

质量事故的处理是否达到预期的目的和效果，是否仍留有隐患，应当通过检查鉴定和验收作出确认。

事故处理的质量检查鉴定，应严格按照施工验收规范及有关标准规定进行，必要时还应通过实际量测、试验和仪表检测等方法获取必要的数据，才能对事故处理的结果作出确切的结论，检查和鉴定的结论可能有以下几种：

1）事故已排除，可继续施工；

2）隐患已消除，结构安全有保证；

3）经修补、处理后，完全能满足使用要求；

4）基本上满足使用要求，但使用时应有附加的限制条件，例如，限制荷载等；

5）对耐久性的结论；

6）对建筑物外观影响的结论等；

7）对短期难以做出结论者，可提出进一步观测检验的意见。

对于处理后符合规定要求和满足使用要求的，监理工程师可予以验收、确认。

复习思考题

1. 质量不合格、质量缺陷和质量事故的含义是什么？
2. 建筑工程质量事故有哪些特点？
3. 施工质量事故中按损失的严重程度如何进行分类？
4. 进行工程质量事故处理主要应当依据哪些方面的文件、资料？
5. 试简要说明工程质量事故处理的程序。
6. 质量事故处理可采用的方案有几类？它们在何种情况下采用？
7. 质量事故处理决策的辅助方法有几种？
8. 常见的质量事故原因有几类？
9. 质量事故处理后如何进行鉴定与验收？

附录　质量员主要岗位职责

1. 熟悉并认真贯彻执行现行国家、行业、企业颁发的与工程质量有关的各项法律、法规、强制性条文、规范、标准；熟悉施工图设计文件、合同文件中有关对工程质量的要求。

2. 参与制定工程项目的现场质量管理制度、质量检验制度、质量统计报表制度、质量事故报告制度、质量文件管理制度等，建立健全质量管理体系：参与编制质量目标和质量计划；检查分包单位现场质量管理体系，使整个工程项目保质保量完成。

3. 协助项目经理对进场人员进行操作技术和质量意识培训，检查特殊、专业工种和关键施工工艺或新技术、新工艺、新材料等应用方面的操作人员能力；检查分包单位的资质，了解分包单位的质量管理水平和管理能力。

4. 参与施工组织设计、施工方案的会审、施工图的会审、设计交底及技术交底；掌握施工方法、工艺流程、质量标准、检验手段和关键部位的质量要求；掌握新工艺、新材料、新结构的特殊质量要求。

5. 参加进场材料、设备、半成品的检验，仔细核对品种、规格、型号、性能等。对新材料应用必须通过试验和鉴定，并提供验收标准；代用材料应用通过规定的审批程序：现场配制材料应先试配后使用；甲方供应材料、设备经检查确认合格。掌握材料检验、试验项目及指标，参与见证取样，严禁使用不合格品。

6. 协助机械员检查施工机械设备型号、技术性能是否与施工组织设计所列机械、设备相一致，是否处于完好状态：检查用与质量检测、试验、计量仪器、设备和仪表是否满足使用需要，是否定期进行效验，处于良好状态。

7. 检查项目所处的自然环境，提出在施工期内可能出现的对工程质量的不利影响及保证质量的有效措施；检查工程管理环境、劳动环境是否符合相关规定；检查外委检测、试验机构资质是否符合要求：复核工程原始基准点、基准线、相对高程、施工测量放线网并报监理工程师审核确认。

8. 掌握施工中关键工序，薄弱环节及对后续工程质量有影响的工序施工作业指导书，确定工程质量控制点。对列为特殊过程质量控制点（停止点），负责在该点到来之前通知监理工程师到现场监督检查，未经检查不准超越该点施工。

9. 监督施工过程中自检、互检、交接检制度的执行情况。

10. 负责工序旁站检查，参加工序中间交接检验、隐蔽验收、技术复核等各项检验工作，对不合格工序采取纠正措施，且纠正后再次验证其符合性。

11. 按建筑工程质量验收规范参与对验收批、分项工程、分部工程、单位工程验收，办理验收手续，填验收记录：协助内业技术员整理有关的工程项目质量技术文件并按规范编目建档。

12. 监督检查施工过程中和竣工交付前的成品保护。

13. 对施工过程的质量进行动态分析，熟练运用质量动态统计技术和管理方法，掌握施工质量的发展趋势，对各方面的工作质量运用 PDCA 循环进行持续改造。

14. 对验收中发现的施工质量缺陷，应按不合格程序进行处理，对出现的质量事故应及时报告，并停止该部位及相关部位和下道工序施工，且实施事故处理程序。

15. 协助项目经理定期召开质量分析会，对潜在的质量因素提出相应预防措施，对已出现的质量缺陷，不合格的提出整改措施；对各岗位工作质量提出奖惩建议。

16. 协助项目经理分析评价工程项目质量管理状况，识别持续改进区域，确定质量改进目标，选择有效方法。

17. 收集建设单位（业主）、监理单位及相关方对工程质量的意见，及时反馈到公司相关部门，保证信息通畅。

18. 协助做好保修期内的维修服务，接受顾客投诉，并协调相关方及时处理，达到顾客满意。

参 考 文 献

1. 中国建设监理协会. 建设工程质量控制. 北京：中国建筑工业出版社，2002.

2. 廖品槐. 建筑工程质量与安全管理. 北京：中国建筑工业出版社，2005.

3. 全国建筑企业项目经理培训教材编写委员会. 施工项目质量安全与管理. 修订版. 北京：中国建筑工业出版社，2001.

4. 全国一级建造师执业资格考试用书编写委员会. 建设工程项目管理. 北京：中国建筑工业出版社，2004.

5. 全国一级建造师执业资格考试用书编写委员会. 房屋建筑工程管理与实务. 北京：中国建筑工业出版社，2004.

6. 《质量员一本通》编委会. 质量员一本通. 北京：中国建材工业出版社，2006.

7. 穆红娟，孙滨. 建筑工程质量检验评定技术. 哈尔滨：黑龙江科学技术出版社，2005.

8. 潘延平主编. 质量员. 2版. 北京：中国建筑工业出版社，2004.